公共艺术设计与发展研究

原玉萍　著

中国纺织出版社有限公司

图书在版编目（CIP）数据

公共艺术设计与发展研究／原玉萍著. -- 北京：
中国纺织出版社有限公司，2024. 3
ISBN 978-7-5229-1667-5

Ⅰ．①公… Ⅱ．①原… Ⅲ．①公共建筑-建筑设计-
研究 Ⅳ．①TU242

中国国家版本馆 CIP 数据核字（2024）第 073968 号

责任编辑：张　宏　　责任校对：高　涵　　责任印制：储志伟

中国纺织出版社有限公司出版发行
地址：北京市朝阳区百子湾东里 A407 号楼　邮政编码：100124
销售电话：010—67004422　传真：010—87155801
http://www.c-textilep.com
中国纺织出版社天猫旗舰店
官方微博 http://weibo.com/2119887771
天津千鹤文化传播有限公司印刷　各地新华书店经销
2024 年 3 月第 1 版第 1 次印刷
开本：710×1000　1/16　印张：15.25
字数：212 千字　定价：98.00 元

凡购本书，如有缺页、倒页、脱页，由本社图书营销中心调换公共艺术是环境艺术的重要组成部分，是满足公共需求，以公共空间为载体的艺术形态，是体现社会、地域、场所公共精神的综合性艺术。"公共性"和"参与性"是公共艺术的重要特点。我国经济发展、科技进步，人居环境日益改善，公共艺术从高高的基座上走下来，来到大众身边，其形式多样，元素新颖，文化底蕴丰厚，技术手段日新月异，公共空间的艺术品质不断提升，精准传达着人们对美好生活的向往。

设计改变生活，通过艺术的力量，打造生态宜居环境，是环境设计者的重要课题，也是国家文化建设的重要使命。因此，围绕公共空间艺术设计的特征，以公共艺术设计与发展为研究对象，探讨公共艺术设计的基本理论与发展创新等诸多方面的问题，剖析公共艺术作品与公众、环境、文化的关系，是本书的基本定位。

本书共包含七章内容。第一章主要是公共艺术概述，阐述了公共艺术的基本定义，发展演变，主要特征，基本类型与形象价值等内容。第二章主要研究了公共空间的艺术设计，内容包括公共空间艺术设计的原则与方法，要素，形态构成，空间组织，材料属性与特质等。第三章主要研究了当代公共艺术空间创意设计，包括三种公共空间语境下的公共艺术，公共艺术美学意蕴，公共艺术空间精神探索等。第四章阐述了公共艺术的形态划分与设计创作，主要包括公共艺术设计程序，公共空间雕塑设计，公共空间壁画设计，公共空间装置、装饰设计，公共设施艺术设计，交互性公共艺术设计。第五章主要为公共艺术管理机制研究，内容包括公共艺术管理机制的内涵、目的和意义，公共艺术的政府管理、公共艺术的社团管理，公共艺术的自主管理等。第六章是对公共艺术人才培养的基本原则和能力要求进行研究，主要包括公共艺术人才的知识结构，公共艺术人才的能力要求和素养要求，公共艺术建设人才培养的基本原则。第七章主要研究了公共艺术创作的制约因素与发展动力，内容包括公共艺术创作中的制约因素，当代公共艺术的重塑，公共艺术发展的新动力。

在写作过程中，笔者参考了很多国内外的公共艺术设计的相关研究成果，在此要向这些专家学者表示诚挚的感谢！另外，由于笔者的写作水平和精力有限，书中的诸多观点可能存在一些不妥之处，恳请各位专家批评指正。

原玉萍

2023 年 8 月

CONTENTS **目 录**

第一章 公共艺术概述

❁ 第一节 公共艺术的基本定义

一、公共艺术的广义概念和狭义概念

公共艺术，就其范畴、形态、类型来看是一种广泛的艺术存在，一般涉及两个层面：一是公共艺术的基本前提——公共性，也就是说作为公共艺术，它首先是为社会公众、为公共的场所、为一定之规的艺术，体现公众对艺术的平等参与及公众对艺术的互动理解；二是"艺术"的，即公共艺术需要通过各种不同的艺术形态来实现，譬如雕塑、壁画、工艺品、绘画等传统认知的创作形式，也可以是装置艺术、摄影艺术、景观艺术、地景艺术、公共设施等。对于公共艺术更加广义的理解，除了造型艺术的手段外，只要在时间上和空间上能够和公众发生广泛关系的其他艺术样式，如表演、歌舞等都包括在公共艺术之内。艺术家通过各种极其多元的艺术形式，将其融入具体的环境中，但其"公共性"则具有显著的一致性。

由此可见，公共艺术从属于艺术，但又不同于一般的艺术，公共艺术家不能仅仅自言自语而不顾公共空间需要什么。黑格尔在《美学》一书中就曾指出，"艺术家不应该先把雕刻作品完全雕完，然后再考虑把它摆在

什么地方，而是在构思时就应联系到一定的外在世界和它们空间形式和地方部位"。❶ 因此，公共艺术并非类似于纯粹的、单一的艺术创作，它不可以自命清高，也不能凌驾于具体的空间环境之上，它需要的是得体的融入与合适的安排。由于公共艺术表现形式的多样性，人们理解的公共艺术往往在内涵层次上并不完全一致，一般对其做出广义和狭义的划分。

广义的公共艺术就是指设置在公共空间和公共场所的、具有公共性的艺术，其载体形式可以包括开放性的、可供公众以不同方式感知或参与其间的壁画、雕塑、装置、水体、建筑构造物、城市公共设施、建筑体表的装饰及标识物、灯饰、路径、园艺和地景艺术等以不同媒质构成的艺术形态；同时，也包括社会主体——大众兴办和参与的公开的表演艺术（如戏剧、音乐、歌舞和民间集会上及节庆期间各类公开的表演艺术）及其他公开的艺术性活动。长久以来，这些艺术形式和艺术活动已在公共艺术的实践中被社会公众接纳和延续。而其核心落在"公共性"的理解上。在英文中，"public"主要是指"公众的""公共的""公开的""公共事务的"及"社会服务的"。"公众的"是指对社会的主体——人的总体或大众的指代；"公共的"是指社会权力及利益分配上的公有、共享的归属关系；"公开的"则是指某种事务、信息和观点的公之于众，向大众开放。因此，公共艺术的"公共"不仅指艺术品所置的物理空间所具有的公共性和开放性，而且包括服务公众的社会公共性。从社会学意义上看，公共是指一种社会领域，即所谓公共领域。公共领域是相对私人领域而存在的。因此，公共艺术的公共性可以从三个方面来理解：一是在场域归属上位于公共空间，如城市广场、公园、街道、社区等场所，这是公共艺术的基本条件；二是公众的主动参与，表现在公共艺术的设立、维护、评价及对新设公共艺术的建议等多个方面，艺术家、管理者和公众之间实现良性的互动交流机制；三是社会性，即公共艺术作品表现出对社会问题的关注，对人的物质和精神需求的关注，其内在话语权是民意的体现，而不是传统宗教艺术、政治艺术中的权力意志的表现。

而狭义的公共艺术主要是指对城市物质形象的塑造，也就是说，公共

---

❶ 朱立元. 黑格尔美学引论［M］. 天津：天津教育出版社，2013.

艺术既涉及城市视觉形象塑造的行为，也涉及城市规划、建筑、环境、园林、文化、市政和管理等诸多方面和艺术的紧密结合，如城市道路、广场、公共绿地、公共建筑等地的室外雕塑、壁画等视觉艺术，由壁画、雕塑、装置、水体、建筑构造体、城市公共设施、建筑体表的装饰及标识物、灯饰、路径、园艺和地景艺术等不同媒介构成的艺术形式等。

虽然公共艺术的范围存在广义和狭义之分，但在"公共性"的内涵上却是十分明确的，这使得我们可以将公共艺术与相近的一些概念加以区分，并由此确立其在艺术家族中的独特地位。

二、公共艺术的性质

从公共艺术的历史发展和产生条件来看，公共艺术的性质至少可以从以下方面进行思考：

（1）在空间上，公共艺术具有开放性和互动性特征。这种开放性是针对公众的，公众有权利自由地进入公共空间，欣赏艺术品，并与艺术发生互动关系；另外，艺术的开放性在于它可以和周围的自然环境和人文环境发生互动关系，在周围环境变化的同时，艺术品自身具有的精神观念也会发生不同的变化。

（2）在时间上，公共艺术不同于一般性艺术的设置。公共艺术的设置一般应该具有永恒性和持久性的特点。但也有些艺术的存在相对短暂，如公共场所当中的装置艺术、地景艺术、为节假日或主题活动设计的公共艺术等。

（3）在价值指向上，强调公众性。公共艺术通过对公共空间的诠释来加强或声明新的意义，并成为影响空间品质的潜在途径。首先，公共艺术的存在，可以唤醒市民对周围环境的多样性、空间尺度、公共记忆及自己居住空间意识的特别感受。其次，公共艺术作为社会精英裁决者（如艺术家、政府官员）与市民对话的媒介，可以加强和彰显市民的主人翁地位，弱化公共艺术家、公共艺术品的作用，强调公众的主导地位。以公共艺术的公众性、开放性、艺术性来消解集权概念，让市民可以感受到惊喜、平等、自由。公共艺术模糊了艺术与生活的界限，使公共艺术成为与世界和他人相遇的媒介，为我们找到一个释放身心的自由国度，脱离加诸人性的

限制，也就是与自由心智、感觉及欲望的最真实的联系。

（4）在表现手法上，公共艺术也不再拘泥于三维的雕塑、二维的壁画，而是可以利用各种技术手段和载体，集声、光、电、水、草于一体，将不同领域的艺术通过多元视野的拼贴，让不同的时代有不同形式的公共艺术定义。

（5）在创作主体上，公共艺术的作者未必是精英艺术家或职业艺术家，固然职业艺术家的精英性决定了艺术品自身应该具有独创性，但其作品过于偏重于观念性与思想性，缺少了普通市民参与创作公共艺术的通俗性和贴近性。市民中的大多数人可能在公共艺术方面并不是专家，但如果有什么活动或事物侵入了他们的环境，就会引起他们的关注，他们的参与可以把那些抬着艺术名义的专制行动减少到最低。

（6）在体制上，公共艺术由于其经费来源于公众的税收或代表公众行使公共权力的政府的财政拨款，因此，它的设置与安放必须依靠公共艺术制度的建立，即需要一套相应的机制作为保障。

（7）在功能方面，公共艺术不再是为了城市美化与装饰的单一功能，而是可以作为打造城市品牌的战略，介入我们的生活，开拓意想不到的视野，让普通市民的生活更有质量与深度，进而影响我们一代人的生活方式。公共艺术也不再仅仅是主题性、纪念性、颂扬性的社会组织功能，更是在经济时代为了补偿和交流的体验需要、为了承载我们的文化记忆，分享某些社会的共同经验。

三、与相关概念的辨析

在对公共艺术内涵作出界定的基础上，我们可以将其与相关概念展开辨析。

1. 与环境艺术、景观艺术的关系

公共艺术以一定的公共空间为依托，公共空间的社会属性本身就具有复合性和多变性的特点，因此公共艺术往往与其他的艺术概念牵连在一起。例如，有人把公共艺术理解成环境艺术或景观艺术。从城市发展的历史状况来看，在城市中公共艺术主要承担美化和改善市民的生活和工作环境的任务。因此，艺术品放置往往是空间环境需要的一部分，这说明环境艺术和公共艺术之间的联系。环境是人类赖以生存的基础，它包括自然环境和人工环境。就环境的属性而言，有些环境是属于公共的，有些则属于私人的，而另外一些的性质则是模糊的。例如，我们如何理解原始社会在天然环境背景中的岩画、洞穴壁画以及雕刻，如何理解贵族制社会中具有公共性质的壁画，显然，我们评判它们的标准并不是它们是否存在于一定的环境中，而是看它们是否具有现代意义上的公共性特征。将公共艺术和环境艺术简单地画等号，实际上是将环境因素和公共因素混淆的做法，进而隐藏了公共艺术公共权力的背后动机和因素。

从另一个角度看，环境艺术和公共艺术之间也有意义的重叠。例如，在城市当中，公共环境与公共空间在物理形态上近乎相同。尤其在后现代主义艺术中，除了公共雕塑、公共建筑外，公共艺术还向环境设计、公共电子媒体艺术等方向扩展。因此，可以从是否具有"公共性"来分析这些概念之间的关系，有时它们只是从不同视角对同一现象（事物）的不同称呼：公共艺术偏向于物跟人的关系，即从公共性特征来看待这些艺术品，而环境艺术和景观艺术都只是单纯地从场所、艺术特征方面来看待这种艺术品的。

2. 与大众艺术的关系

"公共"（public）这个词是作为私人（private）这个词的对立面而存在的。公共艺术一般由公共机构主持，与满足富有阶层私人消费的纯艺术（或称高雅艺术）不同，是供普通大众欣赏的。它存在于博物馆和画廊之外，占有一定时空的环境，不像博物馆和画廊中的作品那样可以随意搬动，它属于社会的、社区的一种文化。它能吸引公众的兴趣，改变他们的生活状况和环境，使他们接近艺术、分享艺术。然而，虽说公共艺术的基本受众是平民百姓，但是今天的公共艺术不是传统意义上的集体共享的艺术，或称大众艺术，诸如原始公社的艺术、宗教艺术、纪念碑艺术、通俗艺术或招贴广告之类的印刷艺术，以及人们日常生活中司空见惯的实用艺术（产品设计艺术）。这些艺术虽然面向大众，但受众的接受差不多完全是被动的，而公共艺术是体现时代精神和文化品格的艺术类型。主要区别在于，公共艺术的对象——公众（public），不同于以往的民众（the masses，或称百姓）这个简单多数的概念，更倾向于指达到小康水平，开始注

意维护自己权益的市民（middle class）。

在尚无私人意识的原始公社时代，民众是首领所代表的集体意志的执行者；在宗教时代，它异化为神的恭顺的仆从；在民主政治掩盖下的强权时代，它成为政客们追逐集团私利的旗帜。在上述情况下，民众仅是艺术的被动接受者，缺少主体意识和人本意识。而公共艺术出现的背景，则是这种主体意识和人本意识的觉醒。公共艺术与私人艺术、宗教活动场所的艺术、商业性的大众消费艺术的不同之处在于，民众拥有对公共空间中的艺术品的话语权，拥有对公共艺术创作的参与权、批评权和决策权。而在这一点上，公共艺术和大众艺术表现出明显的不同。

✳ 第二节　公共艺术的发展演变

如果仅从空间环境和设置场所来理解公共艺术的"公共性"的话，那么人类的公共艺术活动显然要提前很多。因为公共艺术的物质载体和主要样式如雕塑、壁画、建筑等已存在了几千年，可以追溯到人类文明的始源，但公共艺术作为一种具有特定内涵的艺术文化，却是在现当代人类城市文明发展到一定阶段才得以明确并固定起来的。这就使我们首先有必要从其历史演化中考察其概念的形成。

一、漫长的前公共艺术发展阶段

在现代意义上的公共艺术出现之前（也可以说在进入工业化社会之前），人类历史上曾出现过大量优秀的艺术作品，它们和现代公共艺术的物质表现形式和创作目的（如面向大众的宗教艺术和政治性艺术）具有某种程度的一致性，虽然它们尚未获得现代公共艺术的清晰内涵，但是可以将这些艺术样式称为"广义公共艺术"或"前公共艺术"，如北京天坛（图1-1）。

图1-1 北京天坛

在人类文明的始源，人类即开始了对生存空间环境的艺术创造，由此也锻造出现代公共艺术的物质载体、形式表现和观念雏形。

首先，建筑作为环境中的功能空间的划分正是基于人类对具体活动空间的功能和用途的要求而出现的。各种建筑都在发挥公共建筑空间实体的实用功能，同时为人们群体活动营造出具有公共性与开放性的空间区域，实现其多元的文化功能。在东西方，都因宗教的产生而出现了大规模的寺庙、教堂、广场、石窟等。如在中国传统艺术中，就曾出现过众多具有公共艺术形态的艺术作品，包括各种陵墓建筑（包括与之配套的雕塑）；北魏至明清时期在西北、中原及西南地区的大量宗教石窟艺术，如敦煌石窟、龙门石窟、麦积山石窟、云冈石窟等；汉唐以来数不清的寺观、坛庙。这类宗教艺术在历朝历代由朝廷帝王推荐、资助并由民间社会广泛参与，也确实成为面向普通老百姓的艺术存在，但如果对其特性和内涵予以深究的话，不难发现，历代皇帝王侯的墓室、陵园、坛庙、宗祠的兴建，其目的无非在于表示"皇权神授"的神圣性及其特权天经地义的合法性，归根到底是为统治者服务的，而非来自广大民众自身文化的自觉与认同。

西汉晚期佛教文化东渐以来形成的光辉灿烂的宗教石窟艺术和寺庙艺术中，仍然服从和服务于宗教教义的宣传和推广目的，其中包含着对社会公众的文化征服和政治教化功能。

这些艺术样式存在着公共艺术的一些特征，在当时具有相当程度的社会影响和广泛性。它们的功能性也随着建筑空间功能的明确而更具公共性与开放性。作为宣传或崇拜宗教的建筑、壁画、雕塑，也因此成为当时最具公共意识和开放特性的公共活动场所。而且在当代，它们作为全人类和全社会的历史文化遗产，造福于当代社会公众，成为珍贵的人文景观。诸如古埃及金字塔、古希腊巴特农神庙（图1-2）、墨西哥金字塔等大量有代表性的古代宗教建筑、石窟艺术，莫不如此。但是，由于宗教文化的社会理想和信仰中对人本价值的否定，而使得它们与当代公共艺术有着实质性的区别。

图1-2　古希腊巴特农神庙

随着欧洲文艺复兴运动带来的新的文化观念，以及社会意识和审美取向的转变，以意大利为中心产生了一大批才华横溢的建筑大师，包括对公共环境中的艺术做出卓越贡献的造型艺术大师伯鲁乃列斯基、勃拉孟特、拉菲尔、达·芬奇等，将从建筑、雕塑到壁画的整体的公共空间中的艺术创作推向顶峰。如米开朗琪罗作为壁画家，本身又是建筑师和雕塑家。他们创作的这些建筑及其雕塑艺术同自然环境和整个城市景观融为一体，造就了比古代建筑艺术和壁画艺术更为整体和谐的、集功能与审美于一体的艺术杰作，强有力地表现了社会特征，公共性的内涵更为明显。

由于对环境空间和建筑空间的更为开放的观念的形成，人类对生存环境中开放的和共享的生活空间有了更为强烈的要求，"公共意识"和"空间意识"的进一步发展使建筑形式和城市规划更加注重公共艺术的构建。在19世纪末至20世纪初，欧美一些国家的艺术已显现出综合和多样化的发展端倪。这一时期一大批艺术家，如毕加索、马约尔、罗丹、亨利·摩尔等，他们的创造力极大地迸发出来，积极参与到城市空间环境设计中，创作出伟大的雕塑艺术杰作。另外还出现了许多有着不同艺术观念和思想的艺术家的艺术作品。他们的作品展现了多元化发展的社会特征，使艺术在表达公共意识方面已达到一个新的高度。可以看出，在漫长的人类发展时期，伴随着城市建设和建筑空间设计的自觉展开，越来越多的具有现代公共艺术形式特征的艺术品出现在公共场所，由最初的公共意识萌动变为自觉的追求。一个公共艺术诞生的新时代已经呼之欲出了。

二、现代公共艺术的产生和发展

自18世纪的工业革命，西方社会就开始了近代城市化和工业化进程。在这个过程中，民主的思想意识和科学技术两者的发展和相互促进，推动了现代西方社会城市景观与城市文化的不断转变，尤其是工业化在现代城市建设中形成的负面影响，如城市环境的恶化、高楼大厦与人们心理感受上的疏离等，导致了人们对于以往闲适、温馨、富于浪漫色彩的城市文化的精神回归。正如有人曾指出，17—18世纪的欧洲资产阶级市民社会革命"击碎了政治国家的千年神话，把被颠倒的关系重新颠倒过来，使政治国家成为世俗化的市民社会的'守夜人'，因而国家权力和公共利益最大限度地被分解为人权、公民权和特殊利益"❶，一方面，它展现了人类由特权社会步入自由平等的大众社会的非凡历程；另一方面，则展现了由群体活

---

❶ 张广兴，公丕祥.20世纪中国法学与法制现代化［M］.南京：南京师范大学出版社，2000.

动和团体价值期望走向个体活动和个性价值追求的伟大进步，并日渐形成一个没有"父亲的社会"，欧洲市民社会革命的成功和资产阶级公共领域的发展也将艺术从教会和宫廷中解放出来，并把艺术曾经拥有的神圣特征，转变为一个任何公众成员都可以对其展开"业余的自由判断"的世俗化特征公开展览，从而使艺术作品超越了专家而与大众直接接触，而"通过对哲学、文学和艺术的批评领悟，公众也达到了自我启蒙的目的，甚至将自身理解为充满活力的启蒙过程"❶。对应于艺术与教会、宫廷的分离，使艺术走出了画廊和美术馆的封闭空间，进一步激发了公众在文化公共领域中的自立性、参与性与主动性。可以说，公共艺术政策是对市民社会理论中具有历史进步意义的价值和原则的继承与发扬，而市民社会的发展和公共领域的建构，则为公共艺术奠定了合法存在的理论基石。

公共艺术（public art）一词产生于现代，它既不是一种特定的艺术表现形式，也不是一种艺术风格或流派，也未曾有过类似于艺术宣言或标志性的历史事件作为其标识。它是一种可视的艺术运作和存在方式，同时在整体上又是蕴涵丰富社会精神内涵的文化形态。现代意义上的公共艺术一词的提出，最早始于20世纪30年代初的美国。富兰克林·D. 罗斯福总统在美国经济萧条时期，为了促进本国文化艺术的福利建设及援助艺术家的职业生活，发起了一项委托画家作画的巨大的公共赞助方案，由政府组建的"公共设施的艺术项目"机构，调动了全美数千名艺术家，在近十年的时间里，为美国各地的公共建筑、公共场所、广场等地进行了大规模的公共艺术创作活动。公共艺术的真正兴起是在20世纪60年代，美国成立了"国家艺术基金会"，推行一项名为"公共艺术计划"，这项以街头艺术为手段的艺术活动的主要目的之一，是提高城市民众的文化生活品质和环境品质。随后美国30余个州政府先后以立法的方式来推动公共艺术的建设，内容为"将建筑费用的1%留给艺术"，即所谓的"百分比法案"。"……最主要的特点是强调社会公众参与之下的艺术和社会审美文化的普及，改善和提高了公共生活环境的文化品质，使艺术建设成为社区文化、城市形

---

❶ 哈贝马斯. 公共领域的结构转型 ［M］. 曹卫东，王晓珏，刘北城，等译. 上海：学林出版社，1999.

象和公众福利事业建设的重要组成部分。"❶

　　欧洲国家一直以来就有着在城市广场设立纪念碑雕塑的传统，这为欧洲各国现代公共艺术的发展奠定了很好的基础。法国于1951年就通过了百分之一的公共艺术预算法案，法案最初仅针对各级学校校舍兴建中的公共艺术，20世纪70年代以后逐渐扩大到各类公共建筑物。1982年10月，法国文化部正式成立两个单位，负责全国公共艺术设置的执行管理，一个是艺术造型评议会，甄选艺术家和审核公共艺术提案；另一个是国家艺术造型中心，管理公共艺术委托制作的经费预算。1988年法国文化部又成立国家公共艺术委员会，主要职能是负责公共艺术项目的监督和咨询。在良好的公共艺术制度保证下，法国的公共艺术实践非常成功，尤以首都巴黎拉·德芳斯新区的公共艺术引人瞩目，如配合新凯旋门设计帐篷似的软雕塑，这件作品位于高达105米的玻璃砖巨门下，不仅有效调节和缓冲了建筑与人在尺度上的巨大心理压力，同时柔和的曲线也软化了建筑给予人们的冷峻印象。此外，德国、西班牙、北欧国家也自20世纪50年代起，积极推动城市景观的美化及都市风貌的规划，投入相当的公共艺术经费来从事公共艺术规划和建设，取得了令人瞩目的成果。

　　公共艺术在其他国家也得到迅猛发展，如苏联创建初期的纪念碑、建筑装饰，以及"二战"结束后以烈士陵园、公墓、战争纪念设施的建设为纪念碑综合体的大规模发展，都同源于西方社会的"公共艺术"。而墨西哥壁画作为特定历史时期（20世纪20—50年代）艺术与社会紧密结合的典范，不仅影响了苏联、中国等社会主义国家，甚至20世纪30年代美国的壁画运动也深受其启发和影响，并且至今各国的大型纪念艺术仍可从墨西哥壁画的波澜壮阔中汲取有益的营养。

三、公共艺术在当代中国的勃兴

　　学术界一般把1979年首都机场壁画的诞生，视为我国现代公共艺术肇始的一个标志。如果以此为起点，我国的现代公共艺术已经历了40多年的发展。在规模与速度都令世界瞩目的城市化进程中，我国的城市雕塑、公

---

❶ 翁剑青. 城市公共艺术 ［M］. 南京：东南大学出版社，2004.

共壁画及环境艺术、景观艺术等相继得到了快速的发展，大量的公共艺术作品出现在社会公众的视野中。但从整体来看，我国内地的公共艺术发展还处在较低的层面，主要表现为艺术形态较为单一（以城市雕塑居多），对新科技手段、新材料的应用也较为有限，并且在政策层面尚未给予公共艺术以明确的界定，也没有相关的配套政策和有效的公共资金支持，虽然随着我国经济审美化的深入，各地公共艺术建设热情高涨，但真正能够反映、代表我国当时文化形象、令人过目难忘的公共艺术佳作还不多。

而我国香港地区将"public art"翻译为"公众艺术"，更加强调艺术为广大民众服务的宗旨。香港特区政府于2001年在康乐及文化事务署设立"艺术推广办事处"，负责公众艺术事宜。2001年、2002年，艺术推广办事处连续举办两次"公众艺术计划"，通过公开选拔的方式，在东涌逸东社区及多个文化场所设置了一批公共艺术作品，借此美化环境，提高居民的生活素质和为艺术创作提供更多展览场地。同时艺术推广办事处还积极投身于艺术的公众普及工作，如开办面向公众的"艺术专修课程"等。

✺ 第三节　公共艺术的主要特征

通过上述对公共艺术的多元化类型分析表明，公共艺术本身是一个相对的概念，是相对于架上绘画、美术馆画展、画廊艺术品陈列、私人收藏而言的。既然它属于公共的范畴，也就很难界定单一的面貌和特征。我们可以尝试从以下四个方面把握公共艺术在各种元素间对立统一中所体现出来的特征。

一、公共艺术的公共性和公众性

这两大特性典型地体现了公共艺术的社会学特征。空间上的公共性与价值指向上的公众性犹如一枚硬币的两面，不可分开。没有公共性，就不可能具有公众性。同样没有公众性，也就不可能有真正意义上的公共性（即使艺术设置在公共空间）。

　　首先，现代城市公共艺术作品设置于公共空间之中，为社会公众而开放和享用。公共性本身表现为一个独立的领域，即公共领域。公共领域和私人领域是对立的。尤根·哈贝马斯在《公共领域》一文中这样写道："所谓'公共领域'，我们首先意指我们社会生活的一个领域，在这个领域中，像公共意见这样的事物能够形成。公共领域原则上向所有公民开放。公共领域的一部分由各种对话构成，在这些对话中，作为私人的人们来到一起，形成了公民。"❶ 如果公共领域是形成公共意见的地方，那么，作为公共艺术载体的公共空间，就成为艺术家的创作与公众意见构成对话的领域。这种具有开放、公开特质的、由公众自由参与和认同的公共性空间称为公共空间。这个空间是开放的、公开的、自由的。而公共艺术所指的正是这种公共空间中的艺术创作与相应的环境设计。所以，研究公共艺术必然涉及公共空间问题，有了公共空间，公共艺术才有了可能。公共艺术与市民的生活、城市的形成和发展、环境的视觉结构有着根本的联系。公共艺术作品具有普遍意义的公共精神或公益性质，直接面向非特定的社会群体或特定社区的市民大众。

　　公共艺术实质上是城市精神生活的焦点，是不同区域市民性格的视觉体现，是一个城市的时代精神的显现和文化发展的里程碑。几百年前，奥地利建筑师卡米诺·西特在著名的《城市建设艺术》一书中写道："我们必须记住（公共）艺术在城镇布置中具有合理而且重要的地位，因为它是唯一一种能够随时随地影响大量公众的艺术，相比而言，剧场和音乐厅的影响则限制在较小部分的人群。"❷ 公共艺术要求我们以严肃而勇敢的态度去面对这个时代的种种复杂问题；要求我们对于艺术和生活有着敏锐的理解。虽然公共艺术由艺术家创作完成，但首先必须得到公共区域的精神认同。艺术家对地域的认知、社会文化的表达、空间中的造型结构、所要使用的材质与实际环境的互动、人文活动及心理情感等因素，都应该视为公共艺术创作的内在源泉动力和含义，能够为城市生活及其居民的健康做出

---

❶ 哈贝马斯. 公共领域的结构转型［M］. 曹卫东，王晓珏，刘北城，等译. 上海：学林出版社，1999.

❷ 西特. 城市建设艺术［M］. 仲德崑，译. 南京：江苏凤凰科学技术出版社，2017.

积极的贡献，慷慨地给予公众诸多的益处——快乐、轻松、怡人、想象、社交等。公共艺术是一片崇尚自由、创造和幻想的天地：其关键并非在于树立一座又一座供人景仰的纪念碑，而是创造一个机会、一种场景，让观众以崭新的角度和明晰的视野回望这个世界。

维维安·洛弗尔说："一方面，公共艺术代表了一种愿望，试图以乌托邦的形态和场所强化观众对于艺术品、环境乃至世界的体验；另一方面，它又潜在地担当着现代主义的重任，试图颠覆和质疑各种固有的价值观和偏见。"❶ 这两个观点令艺术家和建筑师面临了空前的挑战，同时也不是所有的公共艺术作品都能同时达到这两个目标。有些艺术家能够成功面对这个挑战，其中包括纽约艺术家克里斯托和他的搭档珍妮·克洛德。两位艺术家在世界各地用各种材料将建筑物和自然景观包裹起来，因此而闻名遐迩。他们证明了可以用不同的艺术形式及环境让公众体验巨幅尺寸的艺术品，同时依然保持现代主义的哲学理念——对各种固有的价值观和偏见提出疑问。

其次，公共艺术的公众性和公共性密切相关。现代城市公共艺术作品的征集、提案、审议、修改、制定及设立等实施过程，应由社会（或由作品所在社区的）公众授权及监控。由社会公共资金支付的现代城市公共艺术项目的取舍、更动及其资产的享有权利，从属于社会公众。其知识产权则归属艺术品的创作者或其他依法持有者。归根结底，现代城市公共艺术是指以人为本，在现代城市公共空间中创造生命活动空间美、生活方式美和信息传情达意的艺术。简言之，就是指存在于现代城市公共空间中供人民大众共享的艺术综合体。现代工业化社会带来的大量消费，造成了各种各样的全球规模的环境问题，国家之间、地区之间都发生着新的变化。现代城市公共艺术的状况也同样在发生着变化。作为美丽城市中的一部分的公共艺术，将不再是为了鉴赏而存在的艺术，而成为人们用于完善社会的艺术，艺术家们已从只考虑现代城市公共艺术的放置场所的周边环境，发展到开始参与现代城市的整体规划和现代城市形象的构思中。

---

❶ 刘茵茵. 公众艺术及模式：东方与西方［M］. 上海：上海科学技术出版社，2003.

公共艺术作为以人（社会公众）为价值核心，以城市公共环境和公共设施为对象，以综合的媒介形式为载体的艺术形态，它的本质就是亲民的。它为社会公众而作，谋求的是公众之利，从物质上和精神上都是以人为本，以人为核心，以人为归宿，使人与环境构成一个和谐完美的生态体系。公共艺术在创作中，尽管不排除创作者个人的情感经验、艺术观念、思想倾向、风格特点在艺术品中的流露、注入和无意识的投射，但公共艺术的设置本质上是一种公众行为。要不要设置公共艺术，设置什么样的公共艺术，从创意、构思到设计完成，再到最终的开放管理，都应由社会公众及其代表共同参与民主决策，具体操作者仅仅是公众的代言人。

二、公共艺术的开放性和文脉性

公共艺术的开放性包含着两个层面的含义：一是指公共艺术的活动场所。这些具有公共性的场所往往在广场、公园、街区、车站等视野开阔、人流不息的开放型空间，因此置身于其间的公共艺术作品必须具备形体和视觉上的开放性。二是指对观赏者的不同审美趣味的开放性。不同审美层次的社会群体的存在要求公共艺术审美层次上的多元性。公共艺术作品只有以自身的多元特质，接纳不同审美层面的社会成员，满足他们不同的认知，才能实现艺术作品与公众之间的沟通、联系，真正成为"公共艺术"。

公共艺术的开放性体现在设计创作的语言要求表现为艺术形式上的开放性、艺术表现上的通俗性和艺术设计上的多学科贯通性三个方面。

公共艺术在形式上的开放性，受天时、地利、人和三方面的制约。一是要求作品必须顺应时代的要求，在作品的造型设计与空间的整体设计上与时代同步，能体现鲜明的时代精神和时代特征。二是在空间上，作品能够与周围的空间环境形成互动关系。公共艺术与单纯的架上艺术不同，它强调作品的形态与开放性空间的相互融合，共同营造出一个整体的艺术氛围，满足多视觉、多层面的观赏需要。三是在作品与人的关系上，作品应能够适应各层面人群的审美层次，即作品能适应审美的公共性和开放性特征。

至于公共艺术在艺术表现上的通俗性，是因为公共艺术要面对不同社会层次、不同教育背景、不同宗教信仰，甚至不同民族、国家、地区的人们。这里的"通俗化",不是指一般大众"喜闻乐见"的"老生常谈"的作品,更不是庸俗化或世俗化的作品,而是以大众的审美情趣和审美心理为创作的基本出发点,进行城市景观设计规划的设计理念,强调审美的公共性,强调作品与环境、与公众的亲和互动。

公共艺术的开放性体现在对多重文化因素和知识领域的开放、吸纳和贯通上。公共艺术设计需要考虑功能性、人文题材、环境观、公共性、材料选择及对公众心理情感影响等诸多因素,其不仅受艺术审美方面的制约,同时还涉及材料科学、视觉心理学、建筑学、环境色彩学、光学、民俗学、宗教学等社会科学与自然科学的综合学科。

公共艺术的开放性赋予了公众继续现实地参与的可能性,同时也提供给公众以广阔的想象空间。现代的公众,不应当只是被动地接受、观赏一件公共艺术作品,而且需要主动地创造它,并在这种创造活动中实现自己的未完成状态的存在。人的"灵魂最深刻的泉源,是一条不可规范的水流,向着未来敞开"。❶ 于是,不少艺术家依然尝试从艺术作品的想象力方面,赋予艺术接受者以自由参与的更多的可能性。例如雕塑家朱成的《人文观光》系列(2002—2003),由于其巨大的尺度几乎不可能实现于现实之中,它只能以观念的方式存在。他把蒙娜·丽莎"永恒的微笑"置入中国式的榫卯建筑结构中,把米勒幽婉怅然的"晚钟"镶嵌在屋脊的露天横梁上,把维纳斯的安详体态移植于错落密布的石窟,把象征信心坚定的大卫像耸立在人群往来如梭的拱桥背后,这一切都为公众留下了无限联想的空间。公共艺术的方案,对于物质媒材的最少需要,将最大可能地达成它的精神使命:在图像审美中唤起人的开放心灵。公共艺术的不确定性是指艺术家创作的未完成性,它正是人作为人的非特定化和在精神上无限成长的可能性的表征。人不像动物靠特定化生活,他的非特定化包含着未完成。"在人类方面,只有非特定化和创造性一起,才弥补了动物的特定化。人们可能说,动物在天性上比人更完善,它一出自然之手就达到了完成,只需要使自然早已为它提供的东西现实化。人的非特定化是一种不完善,可以说,自然把尚未完成的人放到世界之中;它没有对人作出最后的限

---

❶ 兰德曼. 哲学人类学[M]. 阎嘉,译. 贵阳:贵州人民出版社,2006.

定，在一定程度上给他留下了未确定性。"❶

公共艺术的开放性并不排斥对地方文脉的传承和展扬，甚至在某种程度上正是以后者为基础和前提的。现代公共艺术已经成为社会中包括个人与个人、社区与社区、城市与城市，乃至民族与民族、国家与国家之间进行精神情感和思想文化交流和援助的重要方式。公共艺术的存在，大到公共建筑艺术、城市公共环境与景观艺术的营造，社区或街道形态的美学体现；小到对公共场所的每件设施和一草一木安排的艺术创意，它们无不反映着一座城市及其居民的生活历史与文化态度，缔造了一座城市的形象和气质。无论是历史上遗留下来的一段城墙、一座庙宇、一条老街或一处雕花的井台，还是现代设计的一座建筑、一处广场或一件艺术品，都在默默诉说着这城市或乡镇的沧桑岁月，显露着生活和繁衍于其间的民众的文化习俗和地方品格。它将以不同的方式影响着一个地区的居民及后人的生活态度和审美素养，向外界的人们传递着有关自身的在教科书里难以找到和详述的信息。

公共艺术的这种文脉性在当下的全球化语境中得到更为明确的强化。其原因主要有三点：一是惊恐于多样化的地方文化生态的迅速消亡，城市历史文物及古建筑艺术的人为流失；二是诧异于城市历史风貌及其传统的地域文化性格的识别性的消失，而使人们的感官经验、历史情感的追怀及文化旅游资源陷于失落；三是希望尊重自然地理和文化地理因素所造就的各类城市的独特景观与人文环境，为后人保留更为多样性的城市"样本"之谱系。因此，公共艺术在创造和设计的表现形式、物质材料、工艺方法、表现题材和文化精神内涵等方面，实现与本地区的自然和文化多维元素的内在关联与融洽。可以说，几乎在自然和社会历史方面有所积淀的任何一个地方的文化形态，都有它自身存在的必然性和合理性。这种必然性和合理性是特定的自然条件及与之相适应的、久经磨合的社会经济形态所决定的。因此，公共艺术的视觉形式（形、色、质、量、空间环境等外在的构成形式）和内在的情感与观念元素（如文化符号的样式体系、美感、信仰、禁忌及价值认知等）应该尊重和融合其地方所特有的形态及其内在

---

❶ 兰德曼. 哲学人类学［M］. 阎嘉，译. 贵阳：贵州人民出版社，2006.

的精神理念，创造出与之相关、协调及亲和的艺术形式与环境形态，并在文化精神或历史层面上使过去与当代产生某种关联和对话。

三、公共艺术的艺术性和实用性

现代城市公共艺术与其他艺术一样，是由一定材料、媒介或设施构成的艺术形象或物体，其本身具有一定的功能，表达某种意味，并为人们一定的行为目的服务。人们可以使用它，也可以从视觉欣赏它，具有独立的审美和空间意义。现代城市公共艺术在注重环境整体对局部制约的同时，也应自始至终以现代城市公共艺术自身发展的规律为重点，尊重环境的特殊性、艺术的创作个性及作品的相对独立性。

公共艺术的创作要合乎人们的审美情趣和形式规律，具有艺术性。公共艺术作品是以审美形式为基础的，它通过其形象、质地、肌理、色彩等构成要素向人们传达美的理念和情感，从而感染公众，使之得到美的启迪和感受。例如，在公共场所中的壁画、雕塑、光构成、装置艺术、纤维艺术及公共设施的设计等，都要强调用美的形式法则来塑造形体空间和配置色彩基调，规范尺度大小，要考虑作品与环境的整体空间的对比、协调关系，还要考虑作品将主要面对的公众群体的心理，以便有力地传达作品所要表达的审美理想及意趣。

优秀的公共艺术，不管采用何种艺术表现形式、手法，总是形式与内容、功能与审美达到统一的结果。当人们欣赏一件放置于公共空间的艺术作品时，所得到的美感往往是一种对艺术作品整体的感受，这种感受不仅包括对作品的优美的形体结构、和谐的色彩搭配、有节奏的空间布置等形式美感，而且包括从这些物质形态中所感悟出来的深层次的文化理念和精神内涵。这是一个升华的过程，即它能够通过形体空间和色彩空间将表现内容升华，使具有物质属性的构成关系转变为具有象征意义、精神特性的观念形态。这种具有象征意义的可视的构成形式，作用于社会的不同层面，使每个人都能在对其关注过程中获取自身所能感悟到的观念意义。

公共艺术的实用性似乎与艺术性相矛盾，其实两者之间存在着内在的统一。由于对公众生活的强力介入，并置身于城市的文化、娱乐、商业、服务等中心地带，公共艺术的实用性首先体现在供社会公众使用的各种公共设施上，诸如位于步行街、凉亭、林荫道的休息座椅，交通管理设施，护栏、护柱、路墩等安全设施，夜间照明设施，卫生设施，电话亭、环境绿化等，它们既可以构成公共艺术的重要载体，同时也是供各种休憩、穿行、活动、交流的实用性场所。公共艺术还可以保护生态，如植物群落和水域系统公共艺术是重组和改造区域环境的重要因素，起到改善气候、净化空气、保持水土等作用；而公共艺术的一些保护性设施还可以避免人在活动中产生的人为或自然伤害的危险，实现拦阻、半拦阻、警示等作用。作为长期放置在户外空间的公共艺术作品，它还必须考虑到维护和保养的方便，便于视觉识别，而不能单纯追求视觉上的美观。

四、公共艺术的综合性和统一性

公共艺术的创作与艺术家在工作室中个人的艺术创作不同，大型公共艺术的创作通常都体现出协作性和团队精神。公共艺术不是个人行为，而是一种社会化的协同工作，涵盖美术学、艺术设计学、建筑学、规划学等学科，并涉及历史学、社会学、民族学、心理学等领域，还需要由社会各管理部门协调，是通过多环节、多工序全面整合的产物，体现出一种合作意识。因此，一个公共艺术项目往往是通过工程师、建筑师、建筑工人、电气工程师、文案策划人、记者、市民代表、公共关系专家、社会学家，甚至摄影师、影视导演、广播电视技术人员等的通力合作，以及政府或企业的资助，经共同策划、论证、立项、设计，最后才得以实施，具有高度的综合性，体现出群众性和科技、学术、艺术的前沿性的结合。

从包豪斯开始，纯艺术、设计和建筑的结合已经被提上议事日程，今天这种交叉和综合已经成为许多人的共识。到 20 世纪 90 年代，公共艺术的发展已经超越了开放广场上单独的纪念碑，现在公共艺术家可以设计整个广场，创造一个场景去改变都市环境或重构一个地段。公共艺术关涉城市规划、建筑景观，诸如道路与结合部设计、住宅环境设计、园林设计、社区学校和购物中心设计、城乡地区的规划，通过对地域、地理、历史、生态、文化的调研，借助设计手段，把建筑、园林和纯艺术融为一体，实现人、人造物、自然之间的和谐。因此，公共艺术又表现出高度的统一性。

从系统论的观点来看，公共艺术可视为城市环境层次中的一个子系统。其中每一个子系统都是由各种组成要素以一定的关系结合联系而成的，以实现系统优化，而达到系统的优化在必要时甚至要减弱或抑制某一元素而实现整体优化。因此，现代城市公共艺术是城市整体环境中的组成部分，树立这一概念对于现代城市公共艺术是十分重要的。现代城市公共艺术的存在形式或依附于建筑，或依附于街道、广场、绿地、公园等物质形态，并与之构成整体的城市环境，现代城市公共艺术应当坚持整体性原则，妥善处理局部与整体、艺术与环境的相互关系，力图在功能、形象、内涵等方面与城市环境相匹配，使现代城市与城市整体环境协调统一。

公共艺术体现出与建筑及景观环境使用功能的统一。建筑及景观环境的产生、存在和发展具有普遍意义上的功能作用。那些产生于不同区域，以不同的使用目的为特征的建筑及景观环境同样存在着特定的功能性，譬如在某一特定的建筑整体环境、街道、社区和广场中所具有的各自不同的功能作用，公共艺术必须建立在与这些特定功能相适应的基础上，面对并巧妙处理来自各个方面的和可能出现的功能上的制约因素，使公共艺术与人文环境达到整体的功能上的统一。此外，它也表现出与建筑及景观环境风格上的统一性。诸如造型、结构形式、色彩、材料及工艺手段等方面与整体环境的协调一致。当然，这种风格的统一并非表面形式语言的雷同，甚至在一些需要具有个性相对独立特征的公共艺术作品出现的建筑及景观环境里面，恰当的对比和反差反而会进一步加强整体环境的艺术感染力，如米罗的那些充满童真和幻想色彩的公共艺术作品。再者，公共艺术作品作为独特的审美价值载体，也具有意识形态的深层内涵，在一定程度上成为再现和进一步提升人类生存观念、意识和情态的重要手段，它与建筑和景观环境所表现出的整体意识形态也是协调一致的。

❈ 第四节　公共艺术的基本类型

公共艺术作为存在于公共空间中，供人民大众共享的艺术综合体，具有极其丰富的多样化表现形式，并随着时代变化而不断扩充其内容，诸如城市雕塑艺术、广告艺术、壁画壁饰艺术、装置艺术（如公共座椅、电话亭、垃圾桶等）、大地景观艺术、庆典礼仪艺术、行为艺术等。它们置身于我们赖以生存、工作、游憩的现代城市广场、街道、景观区域、游乐观光胜地等公共空间的重要环境中，创造空间环境，增强场所艺术氛围，营造怡人的人文气息，提升现代城市生活空间的品质，进一步优化现代城市形象，对人们的视觉心理、生理、行为和精神面貌产生积极的影响。而如此众多复杂的艺术表现形态和方式也迫切需要我们对公共艺术的类型做出细分，以便更为清晰地把握公共艺术的内部世界的结构多元性、复杂性和丰富性。

一、公共艺术的多元分类标准

对公共艺术的类型划分可以参照艺术分类学的一般原理，同时也要考虑到公共艺术的特殊性。人们对艺术世界的划分通常遵循本体论原则和符号学原则。

艺术分类的第一个原则是本体论原则。所谓本体论原则就是以艺术作品物质存在形式的差异为基础对艺术进行的分类。艺术作品首先作为某种物质结构被创作出来，存在并出现在欣赏者面前。它们作为声音、词汇、色彩、线条、动作、体积的组合，具有空间特征，或者时间特征。绘画、雕塑、建筑和艺术设计，以平面或立体的方式，用物质材料创造出静态的艺术形象，属于空间艺术。音乐、文学在时间承续中展开，可以被称为时间艺术。舞蹈中无论是变化多端、错综复杂的手势语言，还是规范严谨的腿脚动作，都同时在空间和时间中展开，可以被称为空间时间艺术。属于空间时间艺术的还有戏剧、影视。这种划分原则最早是由德国美学家克鲁

格在 1802 年提出的。

艺术分类的第二个原则是符号学原则。艺术的外在形式有双重性：一方面它是物质结构，如绘画的颜色和线条的组合；另一方面它是形象符号，绘画的颜色和线条的组合承载某种艺术信息，并把这种信息从艺术家传输给观众。艺术的形象符号有两种。一种形象符号具有再现性，绘画、雕刻、戏剧、影视、文学中的形象符号再现客体现实的外貌，它们被统称为再现艺术。另一种形象符号具有非再现性，音乐、舞蹈、建筑、艺术设计中的形象符号不直接再现客观现实的外貌，而表现对客观现实的关系，被称为非再现艺术（或表现艺术）。

艺术分类的本体论原则和符号学原则相互交织，形成九种艺术样式，即文学、绘画、雕塑、音乐、舞蹈、戏剧、影视、建筑和艺术设计。它们构成了艺术家族的最基本成员。在艺术样式下还可以进行体裁和品种的分类。公共艺术涉及的范围很广，对其分类的角度也多有不同。从艺术样式来分，它包括雕塑、绘画、摄影、广告影像、音乐甚至园艺等，但是公共艺术不是某种风格和流派，也不是某种单一的艺术样式。公共艺术的这种艺术样式上的多元复合性（几乎涉及所有的艺术样式）决定了单从样式方面来把握其结构特征是不全面和不适宜的。

从创作目的和价值指向来看，有人将公共艺术分为点缀性、纪念性、休闲性、实用性、游乐性及庆典活动等公共艺术。这种分类也存在很大的局限性：因为公共艺术的社会功能并非单一的，而是多种因素的融合。还有从展示的方式和材料方面来划分，如公共艺术的展示方式可分为由平面到立体、由壁面到空间、由室内到室外直至地景等不同的空间结构分布；而从材料所涉及的范围看更广泛了，包括大理石、玻璃钢、不锈钢、各种现代新型材料……再从放置地点看，有广场公共艺术、公园公共艺术、街道社区公共艺术，以及机场、车站的公共艺术，场所空间特点的不同，对这些不同地点的公共艺术设计提出了不同的要求。

我们认为，公共艺术虽然具有多元化的表现形式，但主要是以公共空间中的艺术存在而区别于其他艺术形态的，并且，公共艺术对公共空间的介入深度随时代而嬗变。因此，以公共艺术的不同放置场所来对其进行类型划分不仅区分出公共艺术的空间特征，而且可以体现出鲜明的时代特征，不失为一种较为理想的选择。

二、广场公共艺术

广场"是为满足多种城市社会生活需要而建设的，以建筑、道路、山水、地形等围合，有多种软、硬质景观构成的，采用步行交通手段，具有一定的主题思想和规模的节点（nodes）型城市户外公共活动空间"。❶ 广场公共艺术可谓公共艺术最早介入公共空间的一类。从古希腊的雅典所出现的阳光广场开始，人类的艺术活动就与广场这个特定的空间有关，最初广场用于议政和市场，是人们进行户外活动和社交的"城市起居室"。从古罗马时代开始，广场的使用功能逐步由集会、市场扩大到宗教、礼仪、纪念和娱乐等，广场也开始固定为某些公共建筑前附属的外部场地。中世纪意大利的广场功能和空间形态进一步拓展，成为城市的心脏，在高度密集的城市中心区创造出具有视觉、空间和尺度连续性的公共空间，形成与城市整体互为依存的城市公共艺术中心广场雏形。巴洛克时期，城市广场空间最大程度上与城市道路连成一体，现代城市广场的范畴则再次扩张，往往承担着市民和旅游者休闲、观光、表演、娱乐的功能，因而常常被誉为城市的"会客厅"。从其所依托的社区或建筑职能来看，又有市政中心广场、娱乐性广场、文化艺术广场、休闲生活广场之分。

广场是具有自我领域的空间，而不是用于路过的空间，一般具有较大的景观尺度、视野开阔、公共设施比较完备等特征，且人流量大，可以汇聚政治、文化、商业、休憩等多种活动，往往成为城市空间中的节点（即核心型的空间形态）。根据我国有关部门对城市居民问卷调查的综合分析，城市居民的户外活动使用城市广场的频率稳居首位，按照使用广场人数占被调研人数的百分比排序，城市广场、公园、商场的使用率依次是85.6%、75.2%、64.7%，且在城市居民的各年龄段都表现出这种分布规律，由此可见广场在公众社会生活中的重要地位。因此广场不仅构成了市民生活、娱乐、休闲的环境场所的一部分，也代表了一个城市最鲜明的城市形象和标志。

---

❶ 王珂，夏健. 城市广场设计［M］. 南京：东南大学出版社，1999.

就广场的总体形象而言，其自身的基本形貌，周边的建筑形态和自然条件（如它们的造型特点、空间结构、地形地貌、各类建筑体及不同植物的尺度、质感、色调等因素），都会影响到广场的形象、个性与气质，并成为构成广场整体风貌的要素。同时，在广场及周边范围中具有明显的审美和标志性作用的美术作品及景观设计，无疑更加引人关注并与人们的情感经验有着更为直接的关联。因此，置身于城市广场的公共艺术作品就必然成为广场文化精神的重要载体和公众视觉的凝聚点。

从广场公共艺术的表现形式来看，往往以城市雕塑为核心，亦或配有园艺、壁雕、水体、照明、地面装饰及供公众休闲、体育健身和公共卫生用的设施。而在现代大都市高楼林立的钢筋混凝土丛林中，密集型的城市空间常显得拥挤不堪，令人窒息，广场公共艺术的出现在合理安排建筑节奏、留出呼吸空间及追求绿色生态效应上都是十分必要的。我国 20 世纪90 年代中期以来掀起了广场建设热潮，在短短的十几年间，全国就出现了上千个具有一定规模的城市中心广场。这些广场的公共艺术由于满足和适应广场所在城市区域及广场周边社区居民活动的不同需求，因而表现出不同的文化内涵和风格倾向的特征。比如在公共行政机构较为集中的市政中心广场，一般定位为纪念性及庆典性广场，其公共艺术一般趋向于庄严、稳重、典雅、雄伟和壮丽。例如雕塑作品《五月的风》是坐落在青岛"五四广场"的标志性雕塑。而在附属于各类商业活动较为集中的广场，一般定位为多功能性、娱乐性的广场，其艺术氛围营造趋向于轻松、热情、诙谐、精致及时尚的感受。文化广场则在公共艺术风格上追求高雅、深沉、抒情而富于文化的哲理与个性化的特征等。

总之，公共艺术对广场的介入是社会公共文化活动的必然结果。广场公共艺术可以协同广场建筑及设施的设计，营造出个性化或主题性的广场文化氛围；可以以鲜明的视觉形象及人文内涵使广场成为具有某种文化性和精神性的场地；还可以更加明确地昭示广场的"场所感"，吸引公众参与其间；还能更好地唤起公众对广场的审美情感和生活的诗意与激情。广场公共艺术的形态也随着城市的社会形态及广场的历史内涵而不断改变着，这种有机联系使得广场公共艺术成为广场的灵魂。

三、街道、社区公共艺术

街道作为城市的机理和脉络，是供人们生活、沟通、交易、观光及消遣等活动的多样性、综合性空间，其对于城市日常生活及市民人格培养与历练都是普通且重要的场所。人们通常将之喻为"城市的走廊"和"公众的河流"。

与宏大公共空间的广场不同的是，街道由于其空间的狭窄性更适合生活化、世俗化的公共艺术作品设置。一定的数量且恰如其分的公共艺术对于街道的介入，可以给那些便于人们游走、滞留的街道和"步行街"增添浪漫的色彩和公共文化的气氛。配置在街区道路沿线的雕塑、壁画、水体喷泉、建筑设计、照明路灯、地面铺装、花坛绿化、公共座椅、电话亭、废物箱、路牌标识、护栏铁艺、店面门饰、橱窗展示、霓虹灯广告和旅游纪念品的设计展示等，都可能成为公共艺术创作和传播的广阔天地。在那些充满着生活气息及消费时尚的街市或社区悠然静谧的道路沿途，由于公共艺术的有机介入，街市生活更富于温润或浪漫的人文情致，也有益于街道景观形态的识别和记忆，尤其是有助于营造和提供那种方便于社区居民户外休闲与交流的理想场所及精彩的街道景观。

如在美国达拉斯市中心区，有五组真人般的雕塑，分别摆设在方圆数百平方米的街区一隅，这些极具真实感的雕塑均以小人物为主题，"有正在阅读丹佛邮报的商人、吃着三明治的小女孩、争食冰激凌的两姐弟、推着婴儿车的全家福、正在开罚单的警察等，无一不是我们日常生活中所熟悉的景象。初见这些雕塑会很惊讶，继而会心地感受到其幽默感，吸引人们去一窥警察在罚单上写了些什么；探身共同与'假人'阅读同一份报纸；上前与某个雕塑合个影"。❶ 这些几可乱真的公共艺术，使观者在接触中倍感亲近，无形中拉近了与民众的距离，使公共艺术与公众之间进行亲切、自由的对话，作品同时也表达了对社会普通大众的人文关怀。街道两旁的建筑立面也是公共艺术赖以表现的广阔天地。如建筑壁画，不仅可以装点都市生活空间，而且成为弥补旧街区建筑视觉效果较差的有效手段。

---

❶ 黄健敏．百分比艺术——美国环境艺术 [M]．台北：艺术家出版社，1994.

加拿大温尼伯市某街道暴露出的一块旧墙面极影响观瞻。艺术家在墙面上画上像是阳光照射下树影的蓝紫色，与墙面黄绿色的树叶及墙上垂藤的暗红色交织在一起，就像一幅美丽的风景画，为沉闷的都市景观环境增添了几分生机和活力。街道由于它所连接的建筑功能和活动场所用途不同而具有不同的场所身份，大体上可以分为：商业街、文化街、交通街、旅游观光街道、古迹名胜、历史名人故居街道、体育街道等。

我国 20 世纪 90 年代以来以商业步行街的公共艺术发展最为引人注目，如王府井商业街、上海南京路步行街、天津劝业场步行街、南京夫子庙文化商业中心街等。这些商业步行街的公共艺术结合市民的休闲、购物和游乐等街道功能，在设计上呈现出强烈的世俗化、商业化、大众化的趣味。这种街道公共艺术的波普化倾向体现出独特的"中国现代性"特征。首先，以雕塑为例，我国街道公共艺术的波普化倾向表现为在手法上采用写实的语言，认为只有让每个普通人看懂的艺术才是真正的公共艺术。其次，它最为鲜明地反映了中国改革开放之后人们生活的变化，如上海南京路商业步行街的公共艺术作品。同时，有些街道公共艺术则提醒我们身边生存环境和生活方式的变化，有的则提示出一个城市的商业和人们生活之间的时代反差。

由街道进而深入到社区是公共艺术介入公众日常生活的必然选择。社区生活是市民体验和实现互助、互爱、共挽、共进的社会理想的最基本园地，也是重建社会道德和市民人格的基础出发地。在此期间，公共艺术的提倡和介入对社区形态具有积极作用及长期的战略性意义。由于历史的变更，现代市民在城市化和无所不在的市场经济过程中，从前工业时代乡土社会人际、礼俗、利益观念认同感、公共事务参与性较高的社群成员，演变为日趋细分的市场和细分的职业所分割的、分散的、非自觉的、疏离的现代大众社会的一分子。而社区公共艺术则可以激发居民对社区理念的认知，调动和培养居民平等参与社区公共活动的责任感和积极性，增进居民对所在社区的归属感，促进社区居民间的协作和对话，记载和传承社区文脉和历史风貌等。这些说明，社区公共艺术绝不仅意味着物质形态的艺术装点和美学意义，而且具有更深层的社会意义。

四、公园公共艺术

公共艺术与绿色生态相结合的一种集中化空间便是公园。公园曾经是私家花园或庄园，它在西方的出现和完善是伴随着近代资本主义社会及其福利事业而发展的。它成为都市休闲、娱乐、交往的公共场所，也是市民的"公共绿野"或"都市村庄"。公园一方面是作为对现代城市工业化所造成的城市"车间化"和"钢筋水泥世界"的一种必要的补偿；另一方面也是现代城市居民对已缺失的自然景观或农耕时代田园风光的向往与象征性的"回归"之地。"公园对于现代都市，是连接自然和储放新鲜氧气的'城市之肺'，是一块游离于公共空间上车水马龙般的拥挤及工作上快节奏高强度竞争的城市生活的'飞地'"。❶

公园一般有两大类型：一类是建立在与城市空间密切交融之中的中小型公园，一般设在城市社区之间或设在离城市中心稍远的郊区，以及离城市较远的自然风景区内；另一类则指国家管理机构为在宏观上重点保护大规模的原始性绿色生态及自然景观而设定的公园，如所谓的"国家公园"。而在这两类公园中，公共艺术都以高度尊重、珍惜绿色生态及原有自然地貌为基本前提。

这方面日本提供了成功的典范，日本京都至今尚有上千家大大小小的开放性寺院、公园和路边开放式公共园林。以东方禅文化景观著称的京都龙安寺、清水寺、西芳寺等一大批日本传统庭院式公园早已成为城市历史与文明的象征和荣耀。这些日本庭园利用自然风景的林荫小溪、人造的石道、小桥、净手水盆、石灯笼、常绿树等，以高超的手法，把远山近水与人造的景致结合，呈现一个宗教宇宙的缩影。日本庭园艺术作为转化空间的景观艺术，造园师鬼斧神工式地将自然和人造的风景穿插使用，令真假忽隐忽现，让人产生一种置身于似真非真的幻境，区分不出这到底是造物者还是造园师的手笔。

西班牙巴塞罗那市的奎尔公园（图1-3）是著名设计师安东尼奥·高迪的杰作。公园坐落于巴塞罗那配达山坡之上，依山而建，凿石砌筑，充

---

❶　翁剑青. 城市公共艺术［M］. 南京：东南大学出版社，2004.

满天然的童趣和超现实主义的风格，就像一个综合了迪士尼梦幻世界和侏罗纪公园特征的神话般世界，与大自然和人文无限亲近。走进巴塞罗那奎尔公园，对称的入口台阶，五颜六色的碎彩瓷拼花墙面，石头构筑的山洞与长廊，仿佛将人们带入了天国。在山腰的平台小广场上，建造了一圈弯弯曲曲的貌似长龙的凉椅。高迪用彩色马赛克装饰出的、极具地方民族特色的龙形凉椅，融神秘与童话于一体，似龙体又似摇篮，自由而活泼，雅拙而有灵气，使游人依附并忘情于其中。奎尔公园中反复采用动物、植物、岩石、洞穴等主题造型图案，表现自然化的视觉效果，将建筑、雕塑、色彩、光影、空间与大自然完全融为一体，从而营造出一个具有西班牙风情的市民休闲场所，深得民众的喜爱。

图 1-3　西班牙巴塞罗那市的奎尔公园

五、机场、车站公共艺术

机场、车站（包括地铁、火车站、汽车站等）作为现代化都市的重要交通运输集结地，聚集着八方乘客。它们既是乘客候车、短暂休息、乘车的场所，也往往成为初来乍到的外地人对一座城市首先感知和记忆的重要部分。因此，一定数量且恰如其分的公共艺术的融入，不但可以给那里的公共空间增添几许温馨浪漫的气息和温润柔情的人文情致，为旅客创造一个自由、轻松而且富于美感的空间环境，缓解人们烦闷、焦躁的心情，甚至还可以起到"寓教于美"的功能。

德国于 1993 年由罗兰策划的"公车站"计划有许多值得借鉴之处。这一计划通过改变候车亭那种冷冰冰的制式规格的设计,希望把等车这种难挨、无聊的时光变成美学观赏的时刻。例如,由意大利设计师孟迪尼设计的石门电车站,看起来像童话中的城堡,呈"n"字形,包含分立街道两侧的两个候车亭,车亭全身贴满黑黄相间的瓷砖,四边顶上各有一个金色的金属尖塔,十分耀眼夺目。另有意大利设计师吉尼设计的公车站,他将车站幻化为一条浪漫与诗意的船,似乎它承载了人们美好的梦想"乘风破浪"。由意大利设计师蒙特萨斯设计的候车亭,则由黄色 X 型图案构成,以黑白色彩的人造石为基座,加上灰色屋顶的组合,是结合多种素材,突破沉闷空间的设计。史布连格美术馆前的巴士站的屋顶转成羽翼造型,使候车站看起来像一只飞鸟。

在我国,首都国际机场候机楼壁画及其他艺术作品更是被当作我国公共艺术发展的开端。机场公共艺术开创了一个新的具有时代感的绘画风格,也开创了一个新艺术的局面,为艺术向多元化方向发展提供了契机。作为中国对外开放的窗口,位于首都机场的壁画群刚完成便引起了世界各国的关注,并被视为中国改革开放的象征性事物。机场壁画被认为是"期望明显的、新的脱胎换骨的转变和飞跃的尝试",具有重大的意义。有学者指出,就首都机场壁画而言,与其说是标志着现代壁画的新起点,不如说是画家利用这块墙面,作为对多年来功利主义绘画的反抗,所用的"新绘画"的尝试,并没有超出"纯绘画"的范畴。此后的事实是,机场壁画影响了整个绘画界。它的成功,是对新时尚的把握,而它的失败,正是各自的探求所形成的不同风格,极鲜明地占领着机场餐厅这个展览场所。

无论机场还是车站公共艺术都表现出跟其他场所公共艺术的区别,这是由其乘客的流动性决定的。尤其是在地铁交通系统中,人群快速移动,不停地改变视觉焦点,人的行为模式也因此改变。根据统计,移动者从站台至出站只有 5 分钟的时间,这就使得设置在某个固定位置与形式的大型公共艺术往往成为乘客视觉上的过客,无法阅读,更不能产生互动。对地铁等交通系统提供的动态且快速的空间,就要有更适合动态焦点的艺术呈现，而不能一味将一般的公共艺术模式套用其间。因此，其公共艺术形态更要以多元且开放的面貌与时代接轨。

第五节　公共艺术的形象价值

公共艺术作为一种新型的文化艺术形式，与城市形态和城市文化具有密不可分的关系。可以说，公共艺术在其短短的发展过程中，见证了近一个世纪以来全球范围内的都市化进程。公共艺术同其他一切艺术一样，具有形象性特点，加之它又具有开放、公开、自由的特点，使它在塑造城市形象过程中具有先天的优势。

一、公共艺术彰显城市的形象与记忆

（一）公共艺术可以塑造城市的意象性

城市的意象体现在城市的道路、边界、区域、节点和标志物上。凯文·林奇在《城市意象》中认为，城市意象中物质形态的内容可以归纳为五个要素——道路、边界、区域、节点和标志物。众所周知，我们接近任何一个城市，首先都是通过道路而进行的。对观众而言，城市道路不仅是一种空间存在，而且是一条"视觉通道"，它犹如一段音乐旋律，可以将城市的标志物、城市的节点及城市的区域连接起来，并使之构成一个有机的整体。在当代的城市规划建设中，道路的美学意蕴主要是通过公共艺术来实现的。如在城市外部道路与市内道路的交叉口建设街心花园，街心花园里设置公共雕塑等。醒目、独具匠意的公共艺术作品能给人留下深刻的印象，引发观者对城市的无限遐想。又如城市桥梁作为城市的骨架，被纳入公共艺术的视线后，不仅是城市形象的重要标志，而且可以使人游目骋怀、陶冶性情。如美国旧金山的金门大桥，桥本身就如一道长虹，桥头公园可让人们一览海面的景色，成为世界游人的必经之地；我国杭州的钱塘江、兰州的黄河长江大桥的设计也无不因为融进了艺术的成分而闻名遐迩。

根据凯文·林奇的观点，边界是线性要素，但观察者并没有把它与道路同等使用或对待，它是两个部分的边界线，是连续过程中的线形中断，是一种横向的参照。诸如海岸、河岸、铁路线的分割、开发用地的边界、城墙等都属于边界元素。以边界形式出现的公共艺术往往给人留下深刻的印象，因为线性的、连续性的事物总是让人记忆深刻。❶ 一般而言，边界元素在城市意象中能够起到两种作用。一是将区域之间分割开来，比如黄浦江将上海分割成浦东浦西两个区域，位于浦东的东方明珠电视塔（图1-4）和位于浦西的经典外滩夜景交相辉映，互为对方的观视对象，

图1-4 东方明珠电视塔

从而使观赏者明显地感受到两个区域之间的不同，黄浦江在这里就起到了边界线的作用。二是城市公共艺术对边界线具有缝合作用。如秦淮河的景观将南京夫子庙景区连为一体，使夜景中的南京城在人们心中留下了熠熠生辉、霓虹闪烁、画船如织的繁华景象。

城市节点是观察者进入城市的战略性焦点。从概念上看，城市节点是道路的连接点，它可能是很大的广场，也可能是呈稍微延伸的线条状。从更广阔的层面上考察城市，它甚至可以是整个市中心区。如果说城市街道是平面坐标系的纵横数轴的话，那么城市节点就是数轴的交点。当明确的路途经一个清晰的节点时，道路与节点就形成了联系。在任何一种情况下，观察者都能感受到周围城市结构的存在，他知道如何选择方向前往目的地，目的地的

---

❶ 熊若蘅. 当代公共艺术的文化内涵研究——背后若干问题的探讨［D］. 上海：东华大学，2005.

特殊性也会因为和整体意象的对比而得到加强。❶ 城市节点一般通过城市公共艺术来强化。在通常情况下，城市公共艺术会通过顺序的排列、连串熟识的细部特征来突出其意象性。例如意大利威尼斯的街道虽然令人迷惑，但走过一两次之后就可以来去自如，就是因为它大量极富特色的公共艺术，被有序地组织在了一起。如果说城市道路是城市空间的筋脉，城市节点是城市骨节，那么城市区域则是城市空间的血肉之躯。城市区域，在最简单意义上是一个具有相似特征的地区。这种相似性特征既可表现在空间布局上，亦可表现在建筑风格上，还可以表现在建筑群的连续特征上，比如建筑的色彩、比例、立面细部、照明布光与建筑轮廓等相似性特征的累加与重叠，可以起到不是两数之和而是两数之积的效果，从而极大增强城市区域的意象性。一般而言，迷人的城市区域由不同的主题单元组成。比如贝肯山的城市意象，就包括了狭窄陡峭的街道、古老而又尺度宜人的砖砌联排住宅、维护精致的凹入式白色门廊、黑色的铁花装饰、卵石和砖铺的人行道、宁静的氛围及上流社会的行人等。一个区域如果存在一些特别的符号（诸如公共艺术）的话，那么就会起到画龙点睛、强化城市意象的作用。例如法国的埃菲尔铁塔（图1-5）成为时尚之都巴黎的标志，延安的宝塔成为革命圣地的象征，这些公共艺术将城市的优势凸显出来，成为这个城市的无形资产，从而为该城市的发展带来新的活力。

图1-5　埃菲尔铁塔

❶ 罗祖文. 城市生态建设中的"场所意识"　[J]. 湖北文理学院学报，2012（12）：88-89.

需要指出的是，公共艺术在上述城市形态元素中并不是单独地起作用，而是担负起连接这些城市意象元素的纽带作用。单个的城市元素可能并不起眼，但城市元素之间的组合却能起到互相强化，互相呼应，提高城市整体形象的作用。在城市的有机整体中，道路展现并造就了区域，同时连接了不同的节点，节点连接并划分了不同的道路，边界围合了区域，标志物指示了区域的核心。正是这些意象单元的整体编组，各元素之间的互相重叠穿插，相互交织，才形成了浓郁而生动的城市意象。尤其是大都市区域作为一个广阔的地区，其整体可意象性并不等于其中每一个点的意象强度都相同，而是应该具有主导的轮廓和相应更宽广的背景、关键及连接组织。

（二）公共艺术可以表征城市的文化精神与气质

公共艺术对城市道路、边界、区域、节点和标志物等意象元素的强化和连接，促进了城市意象整体的建构。它一方面使存活于主体心理中的个别意象凝练、提升为城市公众意象，另一方面它又使城市个体那种变动、飘忽、动荡、游离的城市意象变得凝聚、清晰、稳定而统一。因此，通过对公共艺术触摸、体验与鉴赏，接受者可以感受到一座城市的精神与文化气质。从符号学角度来看，一座城市的公共艺术设计，实际上就是一种文化符号的书写，它以其特有的形象符号，诉说着城市的多重文化蕴涵与历史，甚至在某种程度上说，它隐藏着一座城市的 DNA，预示着城市未来的发展空间。因此，在城市的多种形态元素中，公共艺术常被誉为"城市的精灵""城市的眼睛""城市的守护神"和"城市的标识"等。巴黎老城区的凯旋门及德芳斯新区的德芳斯巨门、纽约港的自由女神像、华盛顿广场的纪念塔无不显示一座城市乃至一个国家和民族的历史风貌和文化精神。尤其在国际国内交流日益频繁的今天，公共艺术已成为社区与社区、城市与城市，乃至民族、国家之间进行思想文化之交流的重要方式。这种精神文化和审美文化交流的本质，虽非如纯粹的商业活动或科学技术交流那样伴随着竞赛和经济利益，但是它体现了一座城市的软实力，比如市民的文化素质、创造性才智、社群的情感及城市的文化蕴涵等。公共艺术的存在，大到公共建筑艺术、城市公共环境与景观艺术的营造、社区或街道形态的美学体现，小到对公共场所的每件设施和一草一木的艺术意匠，无不反映着一座城市及其居民的生活历史与文化态度，公共艺术实际上在无形中塑造了一座城市的形象和气质。

公共艺术之所以能唤起人们对一座城市的形象记忆，就在于它以生动醒目的视觉形态表现了这一切。诸如日本神户市的"三宫站"壁画形象地篆刻了2000多个小孩的小手印、小脚印、姓名及父母对孩子的期许等，这些印记可想而知会唤起城市居民对自身成长经历、集体经验的记忆。而从我国的公共艺术实践来看，无论是北京天安门广场的人民英雄纪念碑、首都国际机场壁画群，还是上海的黄浦公园的《浦江潮》，浦东世纪大道的景观雕塑《东方之光——日晷》，广州的越秀公园的《五羊》、广州解放纪念碑，以及青岛海滨的《五月的风》，这些城市公共艺术在其特定的城市空间中，铭刻、纪念、叙述着城市、社区的故事，历史文脉和市民风情与社会理想。它们以可感的艺术形象将市民的公共意识、情感和创造才智淋漓尽致地体现出来。它们在营造城市视觉形象与艺术氛围的同时，也把城市的优秀文化传统和公共精神潜移默化地转化为城市居民的自觉意识。

（三）公共艺术可以彰显场所精神

"场所精神"最先见于挪威建筑理论家克里斯汀·诺伯格·舒尔茨的《场所精神》一书中，他将"场所"理解为生活于存在的特定空间。后来，海德格尔在《存在与时间》中作了存在论的阐释，他说："我们把这个使用各属其所的'何所往'称为场所。"❶ 在海氏看来，场所不是通常意义上的孤立空间，而是通过因缘整体性而获得自身统一的处所，这种处所正是诗意栖居得以实现的途径。美国当代环境美学家阿诺德·伯林特从审美经验现象学的角度对"场所"进行了阐释，他说："这是我们熟悉的地方，这是与我们自己有关的场所，这里的街道和建筑通过习惯性的联想统一起来，它们很容易被识别，能带给人愉悦的体验，人们对它的记忆中充满了情感。"❷ 由此可以看出，"场所精神"不仅具有空间维度，还具有情感

❶ 海德格尔．存在与时间［M］．陈嘉映，译．北京：生活·读书·新知三联书店，2000．

❷ 伯林特．环境美学［M］．陈盼，译．长沙：湖南科学技术出版社，2006．

维度。

然而，在当代都市化的过程中，一种失去精神家园的孤独之感正在弥漫，人好像无家可归者，虽有车、有房、有钱，但没有亲情与乡情，人成了没有精神寄托的空壳。这主要在于城市化的建设中缺乏了"场所精神"，而公共艺术正可发挥场所精神的重建作用。从理论上和实践来看，当代公共艺术及其文化理念对社区的成功介入和整合，可以产生良好的社会效应。"公共艺术并非纯粹的艺术表现，也并非为了纯粹的视觉观赏需要而存在，而是使公共环境更加具有场所感、地方感或历史感的重要因素，并能更多地服务于市民的日常生活。"❶ 诸如激发居民对社区理念的认知；调动和培养居民平等参与社区公共活动的积极性；增进居民对所在社区存在和归属关系的认同感；促进社区居民间的相互协作和对话；提升社区居民的审美文化修养；带动和整合社区环境及物质文明的建设；促进社区自主建设、管理组织机构和相应机制的建立与完善等。

（四）公共艺术承载城市的文脉与人文内涵

任何城市的发展与壮大都是一个过程，从某种意义上来说，城市是一幅世代居民生息延续的历史画卷。刘易斯·芒福德认为，城市是时间的产物，在城市中，时间变成了可见的东西，时间结构上的多样性，使城市部分避免了当前的单一刻板管理，以及仅仅重复过去的一种韵律而导致的未来的单调。❷ 在历史的长河中，城市形成了独特的文脉与人文景观。城市的文脉与人文内涵可以通过史书方式记载或文案艺术的形式描绘，最直观的彰显方式莫过于公共艺术的呈现。如南京市为了彰显自身的人文内涵，吸纳丰富的旅游资源，在地铁站上大做文章。地铁是人流交通最为密集的地方，南京市为了让更多的人了解这座文化古城，在 9 个站台上以 12 块近 60 平方米的墙壁来做壁画，生动描绘了南京精神文化内涵：玄武湖站壁画以水为主题，作品通过水波涟漪、阴晴圆缺、窗花残荷，将南京的自然景观形象地呈现了出来；鼓楼文化站壁画以甲骨文、小篆等六种字体写了东吴、东晋，以及南朝宋、齐、梁、陈 6 个朝代的名称，形象地展现了南京

---

❶ 程虎. 当代重庆城区公共艺术解读［D］. 重庆：重庆大学，2004.

❷ 金经元. 芒福德和他的学术思想［J］. 国外城市规划，1995（1）：55-56.

作为六朝古都的文化积淀；珠江路站壁画《民国叙事》以民国时期老百姓的生活与建筑为主题，以老照片的再现手法，展现了这座城市的荣光与衰败；奥体中心站壁画则以长卷展开的形式展现了当代南京的民俗风情与活力。南京之所能成为国际化的文化名城，成为世界游人心仪的地方，与南京公共艺术的彰显与宣扬不无关系。

二、公共艺术张扬城市品牌

随着后工业经济时代的到来，国际城市化的步伐越来越大，与此同时，也带来了城市形象与品牌等软实力的竞争。"营销城市"已经成为一些地方政府振兴社会和经济的一种策略和理念。各级政府深知，一座城市的活力除了要靠经济、科技等硬指标的支撑外，还需要文化艺术等软实力的支撑。公共艺术作为一种开放性的视听感官艺术，在宣传城市品牌方面具有不可低估的作用。因为人对外部信息的获得主要依靠眼睛，视觉识别设计最为感性直观，传播的途径也最为广泛灵活，而且受观众欣赏水平的限制较小。城市视觉形象是城市品牌最直观的部分。建筑物、道路交通、商业店铺、旅游景点、人文景观等，都与公共艺术息息相关，都可以成为城市品牌的直接体现，这些构成了城市品牌的特色基础。

城市品牌的提炼可以体现在市徽、市花与市歌等公共元素上，比如荷兰以郁金香作为自己的市花，厦门以《鼓浪屿之歌》作为自己的城市品牌。城市品牌的宣传也可用在城市公共设施标识系统中，当今城市公共设施的系统化设计就是实现城市生活和公共空间的人性化和效率化运作的基本保障。它们作为视觉标识，可以供人们对活动于其间的环境形态及价值作用进行直接认知，同时，它们作为一种文化性的符号而存在，也可以帮助人们在某种感性形式的基础上，显露它们背后蕴含着的某种特定的历史文化内涵和人文意蕴，成为直接或间接向公众揭示其内在的文化脉络与时代风格的符号。❶ 这种艺术性和实用性结合的视觉形象，构成了一个城市最常见、最直观、最明显的部分。可见，城市的公共环境标识系统由此构成了城市品牌视觉识别系统中的重要内容。城市品牌的打造还可体现在城

---

❶ 吕红.城市公共空间的人性化设计 [D].天津：天津大学，2004.

市的布局与空间设计系统上，城市布局与空间设计系统的落实和执行就是城市品牌形象化、立体化的重要手段，也是公共艺术介入人们的日常生活与城市公共空间的过程。经过精心设计而放置在街道、广场、公园、车站的壁画、雕塑、装置等艺术品，就是城市文化、市民精神的一面镜子，体现出城市品牌的文化内涵。

城市品牌的提炼与凸显还可体现在动态的公共艺术活动中。近年来屡屡在专业展览场地（美术馆、博物馆等地）举行的艺术展览或艺术博览会，特别是那些由地方政府主办的，以所在城市冠名的各种美术"双年展""三年展"，为城市形象的传播及其品牌化的推广起到了不可低估的作用。这种以艺术搭台、公共参与、引起关注、扩大城市影响的艺术展览是一种国际通行的城市形象塑造方式。它们通过公共性的艺术展览盛事使某一区域和城市为世人所知，人们将某种独特的印象和联想与一个城市的整体认知联系起来，把一种现时的文化精神与城市的历史、人文及自然景观整合起来，奉献给来自四面八方的广大参观者，显示出类似于经营一种具有自身特性和既定文化内涵的"产品"或名人那样的品牌力量。

在上海，国际性的美术双年展作为城市活动的公共品牌，吸引了无数的国内外观众的介入和大众媒介的普遍关注。它在起到"营销"上海的品牌效应的同时，还有力地改变了以往人们对上海的某种片面印象，"使上海这个不相信'前卫'和深层文化的充满欲望和商机的城市"❶ 开始变得更加丰富、充实、浪漫起来，给上海的城市繁荣及其国际性、开放性、现代性及平民化意味增添了许多亮点。其间，展出了来自本国和其他许多国家相关题材的雕塑、绘画、装置、摄影、多媒体影像、建筑及景观设计方案、立体模型等艺术展品，以艺术的视角揭示了人们对于当代都市中人与社会文化、历史、空间环境和自然生态的相互关系的思考和展望，并充分展示了本土文化艺术对当代国际艺术发展的积极同应。

公共艺术活动还可介入公共广告、旅游、营销等城市品牌推广渠道中。公共广告是为社会公众制作和发布的，不以盈利为目的，它通过传播

---

❶ 王铁城. 城市雕塑与城市形象 [J]. 城市发展研究，2006 (5)：36-37.

公共社会认同和期望的观念、主张或意见来传达公共舆论，给予社会真善美的价值导向。在一定意义上说，公共广告可以寓公共信息、公共精神于艺术创意及表现手法之中而成为公共艺术形态的一个部分，起到社会教育及审美文化传播的作用。随着社会经济发展和交通网络的畅通，旅游成为当代人的一种生活方式。旅游可以使一座城市的文化和生活形态清晰而生动地展现在世人眼前，传播到世界各地。通过举办旅游文化节来塑造和提高城市品牌已成为我国许多城市的兴市理念。而公共艺术可以渗入这种活的、动态的、持续举行的各色旅游文化活动中。大量照明彩灯、彩车、硬质或软质的雕塑、艺术招贴、艺术卡通、标语彩球、工艺服装、舞蹈艺术造型、音乐表演及缤纷夺目的空中礼花，各种公共艺术形态交织与众多市民的热情参与，可以构成与城市当地文化产生密切互动效应的综合性公共艺术场景。这种动态的文化艺术展演把欢娱、交流、审美及公共艺术的行为方式自然地融为一体，在市民和游客的心目中镌刻下历久弥新的深刻记忆，其对城市品牌的熔铸和提升的效果不言而喻。

另外，公共艺术与企业的营销活动相结合，可促使艺术与技术、人文与经济相得益彰。近十年来，我国的一些生产企业、金融业、服务业及文化产业结构已逐渐加入所在城市及社区的公共艺术和环境景观的艺术化建设中去。它通过公共艺术及人文景观建设的实施并通过相应的公共关系及新闻活动，把企业形象的推广和社会公益活动密切地结合起来，显示了企业、产业园区和政府、社会的亲和关系，并使公共场域的文化生态和自然生态发生良性变化，使企业的公益精神与社会形象得以长久地流传，甚至成为一个社区文化中重要的视觉化标志而深入人心。每逢节假日，在行人如织的商业购物中心广场上，商家举办的各种促销活动有机地结合装置、卡通、歌舞表演等公共艺术行为成为一座城市的醒目景观。公共艺术对现代商业经济的介入，在提升企业及品牌的"知名度""记忆度"和"美誉度"的同时，对商业照明、环境美学、城市形象及市民文化的建设往往有着积极且互动的社会效应。

总之，从城市意象的酝酿到城市形象的明晰，直至城市品牌的铸就，公共艺术自始至终都在彰显着自身的独特功用。在城市的各种构建物中，成功的公共艺术品与一个区域的规划及建筑和道路系统的设计相比，一般更能直接和鲜明地显示其人文内涵与精神特性，显示出更为强烈的美学感染力和艺术表现力。在某种意义上说，一座城市中有没有创造性的公共艺术作品和公众参与的艺术探讨与批评，有没有适当比例的供人们进行文化与审美交流和娱乐休闲的公共场所，已经成为一座城市的品位优劣的显著标志，它们往往直接或间接地体现着城市民众的生活方式、生活品质和社会群体的精神状态。❶

---

❶ 郝卫国. 公共艺术与公众参与［J］. 雕塑，2004（6）：58-59.

第二章 公共空间的艺术设计

❋ 第一节 公共空间艺术设计的原则与方法

一、公共空间艺术设计的原则

（一）实用性原则

随着社会的发展，人们的生活水平不断提高，科学技术有了很大的进步，人们对于公共空间功能的要求越来越多样化，公共空间艺术除了具有传统的设计理念、设计方法外，还有很多新增的功能需要，这是我们在设计中必须要注意的。公共空间设计的基本原则是实用性原则，可以从使用功能、安全意识和精神功能三个方面来考虑。

1. 使用功能

绝大部分的建筑物和环境的创建都具有十分明确的使用功能，满足人的使用要求是公共空间设计的前提。另外，投资者和未来的使用者如果对使用价值有明确的要求，设计方案就必须要体现出该项目的使用价值。

2. 安全意识

防火、防盗功能是公共空间设计不容忽视的重要部分，如大型公共场所必须具备安全的疏散通道、烟雾感应系统、自动喷淋装置，所使用的装饰材质必须是对人体无毒害的绿色环保产品。

3. 精神功能

精神功能主要表现在室内空间的气氛和感受上，如法院在设计上往往以体现庄严肃穆为主，其特点是空间高大，色彩稳重。生活化的场合，如家庭、文体中心、商场等，要以欢快、活泼的设计风格为主，空间自由灵活，色彩丰富多变。

（二）舒适性原则

公共空间对于大众利益的理解和服务有特殊的责任，好的空间设计应该做到为人服务、以人为本，不仅是为了满足人们活动的需要，如游玩、购物、观赏等，更是为了给予现代人心理与生理的美好体验。根据人的工作需要、生活习惯、视觉心理等因素，设计出一个人们普遍乐于接受的环境是公共空间设计的最终目标。许多大型公共空间出现了很多公共休闲区域、等候区域和共享区域，这些区域为了更好地服务于人，提供了如报纸、杂志、饮用水等设施，以便更好地满足人们的各种需求。

公共空间的舒适性体现在空间的尺度、材料的使用、色彩与文化心理等多个方面。公共空间设计需要最大限度地满足现代人的生存需求，创造出具有文化价值的生存空间，体现出民族性、传统性，以及地方特色和文化底蕴，并与现代人的生存方式相结合。公共空间的设计提倡营造民族的、本土的文明，提倡古为今用、洋为中用等。

（三）技术与工艺适用原则

公共空间设计是一个全方位的、综合思考的过程，除了对结构、功能、色调等方面的考虑外，还要对材料和技术工艺运用进行分析。结合当地的材料和技术条件，以及成本进行方案设计，是公共空间设计的一个重要原则。

1. 运用新材料

传统材料伴随着人类的发展，已经有数千年的历史，对于人类无论是生理上还是心理上，都难以改变其深刻的烙印，传统材料能给人们带来一种安定、熟悉的心理感受。而新材料的应用是势不可挡的，2010年在中国上海举办的世博会，可以说是吸引了全世界人民的目光，各个国家的场馆争奇斗艳，如英国馆的种子触须、西班牙馆的藤条外衣、意大利馆的透明混凝土等。世博会无疑也是新材料重点展现的"秀场"。

2. 运用声、光、电等新技术

在公共空间设计中，声、光、电等新技术使用普遍。例如在公共空间中，可视图像代替了传统的宣传版面，公共空间的导引系统更多利用大屏幕或电脑的触摸装置，使人们更方便、更快捷地获得服务。这些功能极大地满足了人们对于休闲、娱乐和提高工作效率的愿望，既增加了实用功能，又使设计更具科学性与艺术性。

（四）合理性原则

主要表现为公共设施的功能适度和材料合理两个方面。例如公共座椅如果长度大于 1.5 米且中间没有格栏，它将沦为素质低下者或流浪者的睡床，失去了满足市民坐的行为需求的作用；窨井盖的丢失也可以从材料的改变上来杜绝，若将钢材质变成水泥或者合金材质，这种市政设施的损失将会大大减少。

公共设施从现代文明发展到现在，也被赋予了新的设计原则。公共设施设计涉及的主要内容是环境心理学和人体工程学，环境心理学是公共设施设计学科群中环境规划设计、景观设计、工业产品设计、公共艺术等创作、实施和管理等诸多环节必不可少的参照依据，我们总结出如下环境心理学在公共设施设计中必须遵循的原则。

1. 以人为本

公共设施的设计上要求满足功能和审美的需要，尊重人对环境的生理和心理需求，尊重使用者的感知、经验、需要、兴趣、个性等。心理学认为：使人感兴趣的东西往往易被人知觉。所以公共设施设计时可从两方面着手：一方面可研究人的生理特点，如人类学、行为心理学、人体工程学等，使设计的产品能满足人生理上及不断发展的生活新形势的需要；另一方面可从产品的角度进行研究，例如材料、色彩、结构、工艺技术、系统工程等，使产品最大限度符合人的各种需求。

2. 继承与创新

公共设施设计是创造合理、科学、高效、舒适的生活方式，这本身就是一种创造性行为，也是人类在对自然理解、尊重和强化的基础上的一种设计意识和设计行为。尊重自然，尊重空间本身的文化肌理，可以理解为继承，继承是对整体空间形态和文化发展脉络的把控。在此基础上公共设施设计中应当妥善处理局部与整体、艺术与环境的关系，力图在功能、形象、文化内涵等方面与环境相匹配，创新公共设施形象。

3. 可持续发展的生态绿色设计

现代工业文明社会日益突出的能源、生态、人口、交通、空气、水源等一系列问题，越来越受到人类的关注与重视，生态绿色也被提出作为现代社会建设的总体指导思想。在公共设施设计行为中，注重生态环境的协调均衡和保护非常重要，它是人类对自然适应、改造、维护而建立起来的人—机—环境的系统性过程，环境制约着人，人也影响着环境，地球环境的透支与破坏使生态要求成为新的历史课题。

生态文化是一种可持续发展的高品质的生活方式，将在我们未来的生活中发挥积极作用，并且也将在物质和精神层面完善传统文化，打破传统的思想桎梏。生态文化指导下的公共设施设计，既要尊重传统、延续历史、传承文脉，更重要的是要突出时代特征、敢于创新、求真探索，只有这样，社会文明才会健康完整地持续发展。

研究公共设施可持续的核心思想是将社会文化、生态资源、经济发展三大方面平衡考虑，以人类生生不息为价值尺度，并作为人类发展的基本指针。首先，我们应研究公共设施环境的发展规律，寻求过去—现在—将来的时代环境特征，既保证环境中公共设施的有机与和谐，又使之可以在今后的若干年内有良好的发展。其次，应充分考虑环境中公共设施设计中自然与人两方面的影响因素，不能仅仅考虑人的需求，还应尊重环境的自然构架。最后，应充分研究人类在物理环境、精神环境下的文化、习俗、审美的需求，寻找共性与个性，并在公共设施的设计中有效地表现出来。

4. 注重科技发展

公共设施设计是一项系统工程和实用工程，不仅可以提升空间环境、文化方面的品质，还可以提高社会的整体素质和水准。现代科技水平的提

高无疑使公共设施的设计有了更多可能性，使得公共设施的展示系统、信息系统、卫生系统、交通系统等有了更高效、直观、节能、环保的特点。例如路灯的设计，可用太阳能发电供给照明，无须安装地下电缆，节省人力又可节约能源；洗手台出水口的红外感应探头可保证水能源不被浪费又可使造型优美流畅。新的科技与工艺、新的材料与艺术手法赋予了公共设施设计新的内涵。

（五）形式美原则

公共空间艺术设计的风格、流派，都要遵循一定的形式美法则。它是人类在创造美的过程中总结的规律和经验，是客观世界固有的内在规律在艺术范畴中的反映。形式美法则作为艺术创造和形式构成的基本法则，具有稳定性。

设计是一种视觉造型艺术，为了更好地带给人们美的感受，必须以具体的视觉形式来体现。因此，人们想要获得优美的表现形式，就必须了解和认识形式法则，它不仅可以帮助人们深化表达展示的理念，还能使人们在展示形式构成中更好地锤炼素材、判断优势。

1. 对称

对称是一种古老而有力的构图形式，是一种静止现象，主要是指中心轴四周的形象相同。我国古代许多建筑都是采用对称形式呈现的，如宫殿、墓室、庙宇和四合院等。人体也是诸多对称形式的产物之一，在自然界中，动物的四肢、树木的枝叶、鸟禽的翅膀等都是对称的形式。

对称可以分为完全对称及近似对称两种形式。

（1）完全对称主要是指以中心点为轴，其两边或周围形象完全相同。通常这种完全对称的形式会给人有序、安稳的感觉。

（2）近似对称富有对称性质，主要是指宏观上的对称。近似对称追求有序中求活，不变中求变，是一种在局部上多样变化的形式。

在空间构图的过程中，合理地运用"对称"，会带给人们一种庄重、大方的感觉。由于它在知觉上无对抗感，能使空间容易辨认。但这种构图形式处理不当也会出现许多问题，比如效果过于呆板、单调。因此，在形成整个格局后，需要调整和转换局部细节。

为避免出现单调、呆板的效果，可以采用以下方法。

①方向翻转。以中心点为轴，可以通过颠倒左右方向，或者颠倒正背方向，使空间产生一种动感。

②改变动态。通过改变轴线两边的姿势动作，从而使空间产生一系列微妙的变化。

③形状转换。通过改变中心轴两边的形象，为空间增添变化。如体量、姿态相同的形象等。

④调整体量。调整画面上形象的大小或虚实，使轴线两边的形象产生一些差异。

2. 均衡

在地球引力场内，物体需要具备一定条件来保持平衡和稳定，如山体形状上小下大、人类左右对称的形态、鸟禽对称的双翼，以及树木四周对应的枝桠等。自然界这些客观存在不可避免地反映于人的感官，同时必然也会给人带来启示。凡是符合上述条件的，都会使人感到均衡和稳定，而违反这些条件的，则会使人产生不安的感觉。

在公共空间范畴内，均衡是使各形式要素的视觉感保持一种平衡关系，指自然界中相对静止的物体遵循力学原则而普遍存在的一种安定状态，也是人们在审美心理上寻求视觉心理均衡感的一种本能要求。

均衡可以分为以下两种方式。

（1）静态均衡。相对静止条件下的平衡关系，称为静态均衡，即以中心点为轴形成对称的形态。对称形式由于中轴线两侧具有严格的制约关系，因此容易获得统一性。通过对称既可以取得平衡，又可以组合成一个有机的整体，给人一种严谨、理性和庄重的感觉，这也是很多古典建筑优良的传统之一。

（2）动态均衡。动态平衡是一种非对称的平衡形式，主要通过不等质或不等量的形态形成一种不规则均衡，也可以称为杠杆平衡原理。即通过一个远离中心的小物体同一个靠近中心的、较为重要的大物体来加以平衡，各部分之间的重量感形成一种相互制约的关系。动态均衡给人以灵活、感性的感觉。

3. 对比

对比是表现形式间相异的一种法则，主要指各形式要素之间不同的性质对比。其主要作用是构造形式活力，以及产生生动的效果。

对比作为美的重要法则被广泛运用。例如，从清代学者王夫之的《画斋诗话》中可以了解到对比具有强化、渲染主题的作用。对比对人的感官有较强的刺激，是一种差别的对立，容易使人产生兴奋感，使形式更富有魅力。对于设计来说，对比是形式中最活跃的积极因素。

对比包括形状、位置、方向、尺寸、肌理、色彩等多个方面的对比，内容十分丰富。具体体现在各类要素的组合关系中，如形体、构造、背景、装饰物等，即包括在直线与曲线、明与暗、凹与凸、暖与寒、水平与垂直、大与小、多与少、高与低、轻与重、软与硬、锐与钝、光滑与粗糙、厚与薄、透明与不透明、清与浊、发光与不发光、上升与下降、强与弱、快与慢、集中与分散、开与闭、动与静、离心与向心、奇与偶等差别要素的对照之中。处理好这些要素在空间中的对比关系，是设计形式取得生动、鲜明的视觉效果的关键。

4. 反复

相同的要素按照一定规律重复出现称为反复。主要用于创造形式要素间的秩序和节奏。在知觉上，减少对抗和杂乱感的产生；在视觉上，由于对象反复出现，有助于加深印象，增加记忆度。

反复作为一种古老的形式被广泛运用，它是使具有相同或相异的视觉要素获得规律化的方法，如色彩、肌理、尺寸、形状等。

反复可以分为两种形式。

（1）单纯反复，主要指形式要素按照相同的位置、距离简单地重复出现，给人以单纯、清晰、连续、平和之感。

（2）变化反复，是指形式要素在序列空间上，采用不同的间隔方式来进行重复，给人以反复中有变化的感觉，不仅能产生节奏感，还会形成单纯的韵律美。

5. 渐次

渐次主要是指表现出方向规律，且连续出现近似形式要素的变化。渐次与反复有相同之处也有不同之处，相同的方面是两者都按一定秩序不断地重复要素，不同的方面是各要素在多个方面有渐次地增加或减少的等级变化不同，如数量、色彩、距离、形态、位置等。

在客观世界中，渐次无处不在，如石头扔到池塘中荡漾的涟漪、电线杆从近高到远低的变化、宝塔在层高上层层渐次的变化、树枝上的叶子从大渐小的变化、雨后的彩虹等。

渐次的特征是通过要素形式的连续近似创造一种动感、力度感和抒情感。它是通过要素的微差关系求得形式统一的手段。无论怎样极端化的对立要素，只要在它们之间采取渐次递增或渐次减少的过渡，都可以产生一种秩序的美感。

渐变美的核心是按比例实行量的递增或递减，使同一要素一直流畅地贯穿下去，如果轻易地改变秩序，会导致失去这种渐变美。当然，渐次并不绝对排斥局部节奏的起伏。在反复和渐变构图要素中，如果突然出现不规则要素或不规则的组合，会造成突变，给人以新奇、惊愕之感，使人的注意力变得集中，这种方法也能取得意想不到的效果。

6. 节奏与韵律

（1）节奏原指音乐中交替出现的规律强弱、长短的现象，喻指均匀的、有规律的进程。节奏是一个具有时间感的用语，从构成设计的角度来看，节奏是同一要素重复时产生的运动感，是连续出现的形象组成的韵律，同时它也是客观事物合乎周期性运动变化规律的一种形式，因此，也可以称为有规律的重复。

节奏不仅可以使各种形式要素富有机械美和强力美，而且明确了各要素之间的关系。自然界中许多事物和现象，其秩序的变化和规律的重复通常能激发人们的美感，从而出现具有条理性、重复性、连续性为特征的韵律美。

（2）韵律作为形式要素规律重复的一种属性，是规律的抑扬变化，其特点是使形式更具律动的美。在人们的日常生活中，到处都存在着这种抑扬变化的律动，如人的呼吸和心跳、各种生理活动等。

节奏和韵律既有区别又有联系，韵律是节奏的深化，节奏是韵律的纯化，两者相辅相成，缺一不可。它们的主要作用是使形式产生情趣，并赋予形式抒情的意味。

韵律按形态可以划分为激动的、雄壮的、复杂的、自由的、静态的、旋转的、微妙的、单纯的等韵律，对空间设计而言是极为丰富的手段。由于韵律本身具有明显的条理性、重复性、连续性，因而在建筑设计领域借助韵律处理，既可以建立一定的秩序，又可以获得各式各样的变化。

7. 主从

主从是指同一整体在不同的组成部分之间，由于其位置、功能的区别而存在的一种差异性。就像自然界中植物的杆与枝、各种艺术形式中的主题与附题、花与叶、动物的躯干与四肢，主角与配角等都表现为一种主从关系，对各组成部分不能一律对待，需要加以区别，如核心和外围的差别、重点和一般的差别、主与从的差别等。各要素平均分布，同等对待，难免会流于松散单调。

8. 调和

调和是指在同一整体中各个不同的组成部分之间具有的共同因素。调和在自然界中是一种常见的状态。比如，地球表面覆盖着的植被，有乔木、灌木、草本植物和苔藓植物，它们的形状、姿态尽管千差万别，却有着共同的颜色。因此，大地植被给人们的整体视觉感是协调、悦目的。

调和在设计中具有积极作用。它不仅要对比部分之间的类似要素，还负责平衡类似与相异之间的关系。从调和的特征来看，差异要素具有丰富的内涵，能带给人们明快、鲜明、清新、强烈、有力的感受。而类似要素能带给人们抒情、稳定、柔和、平静、含蓄的感受。

9. 变化与统一

变化与统一是自然界一切事物的基本规律。在客观世界中，各种事物既有相互排斥的因素，又有可调和的因素，共同组成对立与统一的矛盾。在艺术形式范畴中运用时，既对立又统一的规律逐渐转换为变化与统一的形式美感规律。主要体现在形式构成各个要素之间的关系中，即有区别又相互联系的关系。变化是指对照的相异关系，主要体现在形式要素的区别中；统一是指相同或相似的关系，主要体现在形式要素的联系中。变化和统一是取得形式美感稳定的、永恒的规律，它不断在区别中寻求和谐，在协调中寻求丰富。

变化和统一是形式美感法则的中心法则，也是形式构成中最为重要的法则。它包含和统管着具体法则的所有内容，如对称、均衡、节奏、韵律、主从、反复、渐次、对比、调和等。例如，在形式构成中，渐次在秩序中不能落于平淡，太规则时应注意幅度的微妙调节；但是反复应避免重复流于单调，注意调节细部的处理；对称应调节局部使其产生微妙的变化，避免造成呆板；对比太刺激容易使人产生不适感，应注意增强量的调和；调和应调节微量的对比，避免过于暧昧与平庸；混乱容易破坏平衡，应调节内在的秩序使其产生均衡感。

变化和统一在形式构成中相辅相成，缺一不可，但两个因素不能处于等量的地位。例如，追求安定、平和，可强调统一；追求刺激，可加强变化因素。所有法则在具体运用时，都充分体现了变化和统一的根本要求。

变化和统一是矛盾的两个方面。两个方面相互对立，但又是不可分割的一个整体。中国画的形式构成中常以"相兼"来调节矛盾的两个方面的相互关系，如方中见圆、圆中见方、疏密相兼、虚实相兼，即把矛盾的两个方面调整为兼而有之的一种美感追求。在设计构成中，如果能使形体、装饰物、构造、背景等构成要素在许多矛盾中兼而有之，如虚实、松紧、轻重、繁简、开合、疏密、聚散、黑白、大小等，不仅能使空间呈现出有秩序、调和的视觉形式，更使其富有生动、活泼的特性。

形式中的变化统一关系，是矛盾的要素相互依存、相互制约和相互作用的关系。它最突出的表现就是和谐，而这里的和谐，并非消极的变化和简单的协调统一，而是积极的变化，使互相排斥的要素有机地组合。一个优秀的设计形式，如果缺乏统一，则必然杂乱无章。和谐样式不是信手拈来、随意而得，而是从变化和统一的相互关系中得来的。故应认真研究和掌握既变化又统一的相互关系，并将其有效地运用在设计形式的构成之中。

二、公共空间艺术设计的方法

公共空间艺术设计不仅是思维性的活动，同时也是一种艺术创造的过程，是一门具有很强实践性的专业。公共空间的形态是多种多样的，具有不同的性质与用途，它们受到空间形态等各个方面的因素制约，并非是主观臆想出来的事物。设计师在拿到项目之后，在前期要去搜集资料、掌握

项目背景资料等。在创作过程中，也要对具体的创作方法加以灵活地运用。从设计的实用角度来看，对公共空间的设计方法要从以下几个方面加以讨论。

（一）空间设计法

1. 设计定位

设计定位是拿到设计项目之后首先要考虑的问题，设计师只有在明确了设计项目所具备的使用意图与标准之后，才能够对设计的项目做出比较合理的、符合实际的又具有人性化的设计作品。一个好的设计作品，一定会有一个好的功能定位，同时还是和风格定位及标准定位相结合的完美呈现。

（1）功能定位。所谓的功能定位就是要设计师紧紧地围绕"用"字来下功夫，即用怎样的设计形式来满足人们对作品的需求。在对公共空间进行设计时，功能定位是设计的第一位要素，如这个空间是一个文教性质的空间还是办公性质的空间，是一个休闲性质的空间还是娱乐性质的空间等，都要有一个比较详细的功能需求分析，为之后的艺术设计做好铺垫，并为我们不同空间氛围的塑造提供设计依据。

（2）风格定位。在确定了艺术设计作品的功能定位之后，设计师就要对作品的风格进行定位。设计的公共空间内部装饰或布局等要以何种形式出现，都要充分考虑其功能取向、受众特点及甲方的意见。只有确定了空间的风格后，才可以对空间的造型语言加以设计与构思，对所有的元素加以提炼和总结，创造出与其性质相符的装饰效果与艺术氛围。

（3）标准定位。标准定位涉及工程的造价总投入与装饰的档次。这个定位首先要充分考虑到空间的受众群体层次的高低，其次还要充分考虑公共空间内部的装饰档次，包括色调、材料的品种、设施设备、空间氛围等，同时还要完全考虑到装饰的成本多少等。现代社会，能源被大量耗费，人类在倡导绿色环保的同时，还在不计成本、无限量地对资源进行开发，由此可知，投入大量的社会资源是一种错误的选择。

2. 设计的思维类型

（1）虚空间。所谓虚空间，简单来说，即二维里的伪三维，实际上是受众心理上的空间反映。

　　中国的艺术对虚空间的处理有其独到之处，古代文人在追求艺术作品之美时，常欣赏"清空"二字。所谓"清"，表现为不染尘埃，洁净如镜；所谓"空"，表现为不着色相，空虚若无。中国画家喜欢在画中留白，以有形之"空"表现无形之"空"。八大山人在一张纸上只简单数笔，便成一尾极其生动的鱼，别无所有，然而使人觉得满纸江湖，烟波无尽；齐白石画虾、李可染画牛都不画水，却自有水的意味。在大片的空白中，空灵之气在虚则为实。

　　在现代平面设计中，设计师同样关注对三维乃至四维空间的研究和表现，设计中的时空化与科技化为我们展现出丰富的空间符号。平面设计图像的叠加、透视、错位、渐变等仿佛将我们带到立体思维的大空间。

　　（2）实空间。众所周知，各种艺术设计类型，比如服装设计、产品设计、包装设计、建筑设计、室内设计、环境设计、公共艺术设计、景观设计等，都和人类的生存空间有必然的关系，可以把它们的共同基础看作对空间的设计，而这些对空间的设计在本质上是实际存在的空间，所以在这里，我们将其称为实空间。

　　显然，艺术设计创造性思维不可避免地与空间有着天然的联系，大多数艺术设计作品虽然在设计方案阶段常用平面方式进行表达，但其设计的实现无法回避对空间的关注。对于实空间的设计要运用立体的思维去看待和理解设计对象，特别是在设计方案阶段，设计稿要合乎逻辑性、科学性和可行性，否则就只是空中楼阁。

　　值得注意的是，在这类艺术设计的想象和把握上，很大程度上并不取决于观者的表面感受，而是取决于思维的推理。设计师要把设计对象想象成透明体，要把被设计物体自身的前与后、外与里的结构表达出来。

　　在形象的典型细节表现方面，所要表现的是对象的结构关系，要说明形体是什么构成形态，它的局部或部件是通过什么方式组合成一个整体的。结构是客观存在的，不仅要靠我们眼睛的观察能力，更重要的是大脑的思考理解能力。它除了表现看得见的外观物象，还要表现看不见的内在连贯的结构及看不见的外部轮廓，这里就需要设计师有良好的空间推理能力和创造能力。

当然，一个被设计的物体的正面即使相同，它的背面也会有诸多变化的可能性，或是外部形象相同，但是内部的部分结构设计却是大相径庭的。

（3）虚实空间。在进行商业空间和公共空间设计时，设计师们常常会利用色彩、灯光、肌理和平面背景来进行虚空间的分割，或者营造某种特殊的心理空间，使之比实际上的空间来得更宽敞、更私密、更突出。

（二）模块化组合设计法

所谓模块化设计，其实就是把产品的一些要素进行组合，形成具有一定功能的子系统，同时还把这个子系统作为通用性的模块和其他的产品要素之间加以组合，构成一个新的系统，由此而产生具有多种不同的功能或是具有相同的功能、不同的性能的一系列产品。我们认为，模块化设计是当今社会绿色设计的重要方法之一，它在当前已从理念发展成了比较成熟的设计方法。当前，把绿色设计的思想和模块化设计的方法进行有效的结合，能够同时满足产品的功能属性与环境属性。一方面这样能够较大限度地缩短产品的研发和制造周期，增加产品的系列，提高产品的品质；另一方面，能够极大地减少甚至消除设计作品对环境造成的不利影响，有利于重用、升级、维修及产品在废弃之后进行拆卸、回收与处理。

产品模块化的优点之一是极大地支持了用户进行产品的自行设计。产品模块有独立功能及输入、输出的部件。这里所说的部件通常包含有分部件、组合件及零件等多种类型。模块化设计是把具有一定功能、不同性能、不同规格的产品加以组合。

系列产品中的模块是一种通用件，在如今，模块化和系列化已经是装备产品的趋势。模块是模块化设计和制造的功能单元，有三方面的特征。

（1）相对独立性。设计时可以单独对模块加以设计、调试、修改与存储，有利于不同专业化企业生产。

（2）互换性。由于模块在接口的结构、尺寸、参数等多个方面实现了标准化生产，所以就特别容易进行模块间的互换，让模块能够满足更大数量的需求。

（3）通用性。这个性质的好处就是有利于横系列、纵系列产品间的通用，甚至可以实现跨系列产品间的模块通用。

如图 2-1 所示，木条椅就是十分具有代表性的模块化设计。其使用的模块也只有木条、铁架，而且木条的型号也仅仅是长、短两种，铁架结构也仅有环形架与短靠背架。由此来看，这张座椅的设计只用四种模块就完成了。

图 2-1　木条椅

同样，还可以在产品的模块化设计中采用较为简单的产品，如有的作品设计成俄罗斯方块样式的座椅，群众可根据自己的兴趣与喜好来加以排列、组合。

当然，不同组合所产生的使用功能与效果也会相应不同。有时造型单元也能够按照不同的组合产生十分丰富的造型效果，同时也会满足不同功能的需要。尽管是单一的造型单元，通过不同形式的组合也会呈现不同的 S 形曲线，同时，单元的造型本身也能够产生一定程度的变化；而另外的

模块化组合则会产生像人体一样自由变换的造型。

（三）仿生设计方法

所谓的仿生设计学是指仿生学和设计学交叉渗透而形成的一门边缘性学科，其研究的范围十分广泛，研究的内容也十分丰富。在这里，我们是基于对所模拟的生物系统在设计中的不同应用而进行分类的。其实归纳起来看，仿生设计学的主要研究内容如下。

1. 形态仿生设计学

这一学科的研究范围主要是生物体（动植物、微生物、人类）与自然界物质存在（如山、川、日、月、风、云、雷、电等）的外部形态及其象征寓意，以及如何利用相应的艺术手法把它们用到设计中来。

2. 功能仿生设计学

这一学科的研究范围是生物体与自然界物质存在的功能原理，并运用这些原理对现有的技术进行改进或重新来建造新的技术系统，以促进产品的更新换代或新产品的开发。

3. 视觉仿生设计学

其研究的主要课题是生物体的视觉器官对图像的识别、对视觉信号的分析和处理，以及相应的视觉流程；它在当前的产品设计、视觉传达设计及环境设计中有比较广泛的使用。

4. 结构仿生设计学

该学科主要的研究对象是生物体与自然界物质存在的内部结构原理如何在设计中得到应用，如何用在产品设计与建筑设计中。其中对植物的茎和叶、动物形体、肌肉、骨骼等方面的结构研究比较深入。

仿生设计通过模仿自然界中的事物结构、功能等来解决问题、形成自然形态的艺术效果。比较经典的设计作品案例如北京鸟巢的景观灯（图2-2），采用的就是仿生设计，灯具的外观模仿了鸟巢的形象，给人一种亲近自然的感觉。同样，一些布置在海边的公共座椅设计也采用了仿生设计方法，模仿的对象是海浪波涛起伏的形状，这是对外形的模仿。当前，随着科技的快速发展，人类对清洁能源的利用范围也在扩大，如太阳能景观灯的设计也利用仿生学的方法，不但模仿了自然界中的植物形象，也模仿了植物向阳的特点。这种仿生设计兼具了外形与功能两个方面的模仿，独具匠心。

图 2-2 鸟巢的景观灯

（四）功能分析法

功能分析法实际上是对产品的功能加以分析，并将产品的功能细化成多个子功能，运用多样方法去解决每一项子功能，最终汇总优化产品的系统功能及实现功能。这种方法的好处是方便设计师掌握核心功能，不受产品外形的约束，从而进一步拓宽了设计师的思路。

采用功能分析法进行设计的最常见物品是坐具，如图 2-3 所示。这种座椅的设计关键是考虑其功能要素，并非造型等因素，尤其是考虑到这种座椅处于人数较多状态时的状况。

功能分析方法的另一个思路是多功能组合的设计。在很多的公共设施中，其使用功能并不是单一的，还可能是多种不同功能相互组合完成的，如座椅与花坛的组合（图 2-4）、与灯具的组合，等等。现在的很多城市中会把自行车停车架与座椅结合到一起，让行人在休息的同时还可以锁定自行车。这种多种功能相互组合的方法不但能够节约大量的空间与成本，还十分方便使用者进行使用。

图 2-3　提供多人休息的座椅设计

图 2-4　座椅与花坛的组合

（五）景观元素提取法

景观元素提取法通行于工业设计，是工业设计中的一种常用手法，在公共设施的设计中，因为公共设施和工业设计并不完全相同，而且其处的环境多为户外，所以要重点考虑公共设施和户外景观环境之间的融合，公共设施周围景观元素就成了公共环境设施元素提取的重要来源。提取后的元素不仅能够作为公共设施的主要造型元素，而且能够与周围的景观环境保持协调一致。

例如，现在人们对城市道路元素进行提取处理后，形成了一种新的座椅设计思路，一方面极具象征性意义，另一方面还能够作为导向图给行人提供有关的道路信息。这种设计把座椅作为城市的一部分，与城市的道路之间相互联系，形成了独具特色的、只有这座城市才有的座椅风格，呈现出城市的新特点。

在城市公共设施设计中，景观灯设计体现出对周围景观元素的反映。如图 2-5 为照明公司设计的园林灯具造型，提取了园林的设计元素，再通过加工处理就变成了一款精致的景观灯。

图 2-5 景观灯设计

第二节　公共空间艺术设计的要素

一、实体要素

具有三维空间特征的实体形态，是由点、线、面、体组成的，并且通过点、线、面的运动产生各种形状，最终形成空间的形态，增强了人们对空间的视觉认知性。

公共空间设计的分布形态可以分为三种，即点状布局、线状布局、面状布局。在环境内部的空间形态中，存在着点实体、线实体和面实体。应该从两方面考虑其分布方式，一是应完全考虑到整体的视觉需求进行布置，二是应按照功能要求进行布局。

（一）点

点没有体型或形状，是概念性的。点通常以交点的形式出现，其主要作用是构成形状的支点。点是具有视觉意义的形象，在人们的日常生活中随处可见，例如在环境艺术设计中，一件家具对于一个房间、一幅装饰画、一面墙都是点。通常这些很小的点在室内空间中具有以小压多的作用。

（二）线

点通过不断运动和延伸形成线，是面的边缘和界限。线又可以分为直线和曲线，许多复杂的线形都是由线与线相接产生的，例如直线相接可以组成折线、曲线相接可以组成波形线等。

1. 直线

直线还能细分为水平线、垂直线，以及斜线。

线可以清楚地表明尺度较小的面和体的轮廓、表面。线通常存在于各个材料之中或材料之间的结合处，如柱的结构网格、展现空间中梁、门窗周围的装饰套等。

2. 曲线

曲线大致可以分为三类，即自由形、有机形和几何形。

直线和曲线相辅相成，在设计时同时运用，会产生更为丰富的效果，给人们一种刚柔相济的感觉。

不同样式的线，以及不同的组合方式往往还带有一定的地域风格、时代气息或人（设计师或使用者）的性格特征。

（三）面

面是由扩大点或增加线的宽度形成的，是线在二维空间运动的轨迹，同时面也可以当作体和空间的界面，面的主要作用是限定体积或空间界限。

在三维空间中，面还可以分为直面和曲面两种类型。

1. 直面

直面是人们日常生活中最为常见的一种类型。虽然单独的直面会给人呆板、平淡的感受，但是对直面进行有效的组织之后，同样也能使其获得富有变化的生动效果。

直面经过组织后可以形成折面和斜面，在规整的空间形态中，斜面可以为其带来丰富的变化。如楼梯、室外台阶等。

2. 曲面

与直面相比，曲面更富有弹性和活力，不仅能为空间带来明显的方向感，还能带动其流动性。

从曲面的外侧来看，能带给人们较为强烈的空间和视线导向性，例如，起伏变化的土丘、植被等自然环境中的各种地貌。从曲面的内侧来看，其内侧区域感十分清晰，能带给人们一种较为强烈的私密感。例如，家具不同的颜色和材质会产生不同的视觉效果。

（四）体

由线的旋转和面的平移形成的三维实体，我们将其称为"体"。人们在理解"体"时，需要融入时间因素，使其形象更为完整、丰满。

体可以分为两大类，一类是不规则的自由形体，另一类是有规则的集合形体。在空间环境中，通常由规则的几何形体组合构成"体"。

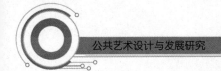

由于体的重量感与尺度、材质、各部分之间的比例、色彩，以及造型等方面存在一定的联系，因此，人们常常将体的概念与量、块等概念联系在一起。

在公共空间艺术设计中，通常由线、面结合在一起形成体，但是仍将这一要素作为单独的个体。

二、虚体要素

虚体要素可以分为四部分，即虚的点、虚的线、虚的面和虚的体，其中虚的体又可以看作另一种阐释的空间。

（一）虚的点

在空间环境中，通过视觉感知过程形成的视觉注目点，称为"虚的点"。它不仅可以吸引人对空间的关注和认知，还能有效地控制人的视线。

虚的点通常分为三大类，即通过视觉感知的透视灭点、视觉中心点和几何中心点。

1. 透视灭点

所有的空间物体都存在透视，人们通过视觉感知到的透视汇聚点，称为透视灭点。空间形态受空间物体透视的影响，当人们观察空间物体的角度发生变化时，空间的视觉形态也会随之转变。

人们的观察位置和空间布局决定了空间透视灭点的位置。在公共空间设计中，调整空间布局和观察位置是处理空间透视效果最有效的方法，不仅能使空间更加完整，还能赋予其变化性和方向性的视觉形象。

2. 视觉中心点

在空间中，制约人的视觉和心理的注目点，称为视觉中心点。空间各个环节要素的布置和观察者的位置影响着视觉中心点的位置。在环境设计中，可以根据设计场所的需要设置一个或多个视觉中心点。

3. 几何中心点

空间布局的中心点称为几何中心点，并且与空间的构成要素存在着对应关系。西方国家普遍以这种对应关系构成园林的格局。

（二）虚的线

在公共空间中，虚的线随处可见，它并非实际的可视要素，而是作为想象中的要素存在的。

人们通常将其分为两大类，即轴线和断开的点。

1. 轴线

在公共空间布局中，轴线主要是指控制空间结构的关系线，如对位关系线、几何关系线等，是一种常见的虚的线，对公共空间布局起到决定作用。因此，各个要素可以在这条虚的线上做相应地安排。

在公共空间设计中，可利用对称性突出轴线，通过两侧布局的对立关系，如小品、树木、建筑、绿地等，加上其他景观要素，达到强化轴线感觉的目的。轴线是连接各个景观的重要部分，可以通过视觉转换连接不同位置的景观要素，使其成为一个整体。

人们常常会因小空间带来的感觉并不强烈而忽视轴线，但要素之间有明显的对应关系时，会使轴线产生强烈的存在感，从而引导人的视线和行为。因此，人行动的流线通常与轴线相重合。

2. 断开的点

间断排列的点会给人一种心理上的连续感，并形成一种区域感和界限感。例如，平面图上的列柱，以点的方式排列连成虚的线，使人从心理上产生分割空间的感觉。

另外，日常生活中还存在着带有特殊意义的虚的线，如光线、影线、明暗交界线等。

（三）虚的面

虚的面是指由密集的点或线形成面的感觉。例如，百叶窗帘、由珠子串联在一起的门帘等，从心理上使人产生一种空间界限。由此可知，被虚面划分的空间局部，具有强烈的联系感，既分又合，隔而不断。

另外，还有一种视觉上并不明显的虚面，如教堂室内空间的列柱、街道两旁的路灯杆等。

（四）虚的体

虚的体具有一定的边界和限定，使空间产生体的感觉，所以它既是体，又可以作为一种特殊类型的空间，虚的体内部是空的，如室内空间。反之，每一个相对独立的实体因"力场"的影响，都有属于其支配的空间

范围，从而产生无边界的空间。实体和虚体的对立统一是室内外空间的典型特征，为使两者达到形体与空间的有机共生，需要结合实际情况，调整具体的尺度关系、台地、尺寸大小和光色等因素。

实面和虚面都可以作为虚体的边界，所围出虚体的内部空间是积极的、内敛的。例如，常见的沙发、圈椅、火车座，以及围绕柱子而设计的圆形休息座都会带给人们一种强烈的安定感。

第三节　公共空间艺术设计的形态构成

一、空间形态构成的基本形式

（一）几何形

在公共空间设计中，几何形是环境构成的重要组成部分。它可以分为直线型和曲线型两种截然不同的类型。其中直线型包括多边形系列，曲线型则以圆形为主。在几何形所有的形态中，圆形、正方形、三角形是人们最为熟悉，也最容易记住的形状。球体、圆柱体、圆锥、立方体等都是将几何形转换为三维概念的体现。

（二）自然形

自然界中的各种形象和体型，称为自然形。在保留自然形天然来源的根本特点的基础上，还可以加以抽象化。

（三）非具象形

非具象形可以分为两种，一种是基于本身的纯视觉的几何性诱发形成的，另一种是按照某一程式化演变而来的，且携带着某种象征性的含义，如书法、符号等。

二、空间形态构成的模式分析

空间感的变化受空间诸多构成因素的影响，如材质、比例、形式、尺度和色彩等。

正与负的关系、图形与背景的关系，以及形与底的对立统一关系是形成空间静态实体与动态虚拟相互关系的关键。

（一）静态实体构成模式

1. 构成空间形态的垂直要素分析

与水平的面相比，垂直的形体更为活跃，更容易引起人们的注意。垂直要素在室内外空间中起着重要的作用。

（1）垂直的线要素。空间的体积需要转角和边界的限定，线要素的主要目的便是限定环境中要求有视觉和空间连续性的场所。垂直的线要素还有许多其他功能，如形成一个空间的中心点、成为一个象征性的视觉要素、为空间提供一个视觉焦点、终结一个轴线等。

（2）垂直的面要素。在室内空间中，一个单独的垂直面的视觉特点与单独的线不同，可以将其作为分隔空间体积的一个片段。在人们的日常生活中，最为常见的是室内空间的固定屏风，不仅具有一定的视觉观赏性特征，又具有空间的过渡作用。

面必须与其他的形态要素相互作用，才能限定一个空间的体积。从视觉上来看，一个面表现空间的能力受高度的影响，空间领域的围护感随面的高矮变化。同时，人们对面的视觉份量和比例的感知，受其表面的形成要素、图案、色彩、材质等方面的影响。平面和曲面、实面和虚面都会带来不同的视觉形态和视觉感受。

垂直的面要素还包含了多种形式的垂直面，如 U 形的垂直面、平行的垂直面、L 形垂直面等。

①U 形垂直面。其特点是具有独特的有利方位，并且与相邻空间保持视觉上的连续性。生活中有许多利用 U 形垂直面限定空间区域的实例，如沙发围合的 U 形区域等。

②平行的垂直面。平行的垂直面容易在限定的空间范围内产生较为强烈的方向感和外向性。在设计过程中，通常采用增加顶部要素或处理基面的方法来强化空间的界定。平行面相互之间的变化容易产生空间的视觉趣味，如形式、色彩及质感等。

③L形垂直面。容易产生强烈的区域感。

2. 构成空间形态的水平要素分析

在公共空间艺术中，室内外空间的水平要素通常以最为丰富的点、线、面的形式呈现。

根据空间尺度的大小变化，点、面作为水平要素，其概念既是可以相互转化的，又是相对的。在城市景观设计中，点和面的概念基本相同，因此，水平要素通常以面作为基本特征。

（1）基面。在公共空间设计中，基面大多数用来划定虚拟空间领域，通过对其明确表达，赋予其细部一定的风格要求。

在特定的空间领域内，基面下沉能体现出空间的内向性和私密感；基面上抬则体现出了空间的外向性或中心感。

（2）顶面。顶面的距地高度、尺寸和形状决定了顶面空间的形式。室内空间的顶棚面能充分反映出具有支撑作用的结构体系形式。除此之外，顶面也可以与结构分离，作为视觉上的积极因素。

由于顶面可以有多种特殊造型，因此，还具有强化视觉趣味和风格要求的作用。例如，在室外空间设计中，用混凝土、金属、木质等不同材质制作的葡萄架、回廊等。空间的视觉效果随着顶面图案、材质、色彩，以及形式等方面的影响产生变化。

（二）动态虚拟构成模式

1. 空间形态的时空转换

在空间设计中，应该全面思考人与空间变化的实体要素、时间要素之间的关系。无论是静止还是运动状态下，都能使人对环境空间感到协调统一，又充满了变化。

人对空间的感受和环境审美感觉会随着行进速度的不同发生改变。因此，人的行进速度与空间感受之间的关系是环境艺术设计中重点研究的内容，不仅会对环境的空间布局带来影响，还与特定空间环境要求密切相关。随着经济的发展，人们的生活水平逐渐提高，兴趣、审美日趋多元化，使其对所处的环境要求越来越高，使空间环境使用功能走向多元化。因此，环境空间设计的艺术处理手法和表现形式受多元化的影响，逐渐发生着改变。

2. 空间形态的动与静

空间的构成形态除了结构形态，还包括空间的方向、空间的动线组织、空间的组合、空间的形状，以及空间的其他造型要素等。通过各个形态要素之间的联系，可以达到提高环境空间生机和活力的目的。

空间形态的动与静是对空间组织的特定要求，两者是相对的。不同类型的空间根据其空间功能的需要对动与静的要求不同，如动中有静或静中有动；以动为主或以静为主，动静结合共同构成空间形态的特征。如购物中心要求动、静结合，阅览室要求以静为主等。

（1）动线。指影响空间形态的主要动态要素，也可以理解为空间中人流的路线。空间中对动线的要求主要可以分为两个方面，一是功能的使用方面，二是视觉心理方面。人在环境空间中基本体现为动与静的两种形态，在特定的空间中，逐渐转化为交通面积与实用面积。从空间环境的平面划分中可以看出，占有交通面积的是动线，而以静为主的功能空间是指人的行、走、坐、卧等行为特征停留的特定空间。

（2）光影。空间环境的光影变化会产生动态效应。生活中一些特殊动感不仅可以营造出丰富的空间层次，还能强化空间形态中动的因素，如人工照明、自然光的移动等。

（3）水体与绿化。在公共空间设计中，水体与绿化作为构成要素占有十分重要的地位，各种基本形态要素都能通过水体和绿化得到充分体现。从空间环境整体的角度来看，水体和绿化不仅蕴含着内在的生命活力，更是一种含蓄的动静结合。

（4）方向。指不同形态的空间表现性格和表情的依据，是所有空间形态的关系要素之一。水平和垂直方向的空间带给人们不同方向的动感，但方向性较强的空间也容易使人们产生心理上的不稳定。因此，在进行空间设计时，需要采取动静结合的方法，合理地组织静态要素，不仅要给人以心理上的平衡感，还要满足功能上的要求。

（5）构件与设施。通常建筑的大型构件都具有较强的动态特征，容易对空间的动态效果产生影响。许多设施的形态要素都对动与静有影响，如自动滚梯等。空间形象的运动与动线相结合，达成与静态要素的有机统

一，构成特定空间的主旋律。

（6）构图。主要是指由各个空间组织形成的关系，是空间形态动与静构成的重要因素。空间的手法会给人们带来心理上的动静结合的感觉，如并列、围合、通透、穿插等。

非对称布局蕴藏着勃勃生机，能够给人带来一种灵活、轻松的动态感受。与非对称的灵活空间相比，对称的布局呈现的庄重感、稳定感，以及宁静感更为明显。

第四节　公共空间艺术设计的空间组织

一、空间的基本关系类型

（一）包容关系

较大的空间内部包含一个相对较小的空间，两者之间的关系称为包容关系，又称为母子空间，是对空间的二次限定。在视觉和空间上二者相互联系，从视觉上来看，二者的联系有利于视觉空间的扩大，容易引起人们情感的交流；从空间上来看，使人们行为上的联想成为可能。

一般来说，母与子两个空间在尺度上存在着明显的差异，子空间的尺度过小，会使整个空间效果显得过于空旷；相反，子空间的尺度过大，会使整个空间效果显得过于压抑。因此，在空间设计的过程中，可以通过改变子空间的形状和方位，丰富空间的形态。

（二）邻接关系

当两个空间能够相互联系，并拥有共同的界面时，称为邻接关系。在空间组合关系中，邻接关系是最为常见的，不仅能保持空间的相互连续性，还能保持其相对的独立性。邻接两个空间界面的特点决定着空间独立与联系的程度。界面可以分为虚体和实体，例如，虚体可采用家具、界面的材质、色彩，以及高低的变化等来设计。实体一般采用墙体来设计。

（三）过渡关系

由第三个空间来连接、组织其他两个空间之间的关系，称为过渡关系。

第三个空间可以称为中介空间，具有过渡、缓冲和引导连接空间的作用。当第三空间与连接空间的形式不同时，能充分体现出它的过渡作用；当它与连接空间的形式、尺度相同时，会产生一种空间上的秩序感。人们通常根据被连接空间的形式和朝向来确定过渡空间的具体形式和方位。

二、空间的组合方式

空间可以分为以下四种组合方式。

（一）线式

线式空间是由相似的空间不断重复出现，或者结构特征、功能性质、尺寸、形式相同的空间组合而成的。也可以使一连串形式、尺寸不同的空间沿轴线组合起来。

线式空间组合可与其他的空间组织融为一体，也可以终止于一个主导的空间或形式。其特点是简便、快捷，适用于医院病房、住宅单元、教室宿舍、旅馆客房、幼儿园等建筑空间。

（二）放射式

放射式空间组合方式是由若干向外放射状扩展的线式空间和一个主导的中心空间组合而成。与集中式空间形态不同，主要通过现行的分支向外伸展。

在放射式空间组合中，风车式的图案形态是一种特殊的变体。它的线式空间沿着规则的中央空间的各边向外延伸，在视觉上产生一种旋转感，形成一个富有动感的风车图案。

（三）网格式

网格式空间组合是空间的位置和相互关系受控于一个三度网格图案或三度网格区域。图形的规则和连续性形成了网格的组合力，并且渗透在多变的组合要素之间。

网格式空间组合可以删减、增加或层叠空间，因其同一性不会随之改变，所以具有组合空间的能力。

（四）集中式

集中式空间组合是由次要空间围绕空间母体进行组织形成的。通常表现为一种稳定的向心式构图。

第五节　公共空间艺术设计的材料属性与特质

材料是公共艺术作品创作的载体，运用材料是艺术创作的基本表达方式，是实现公共艺术最终效果的一个不可忽视的环节。公共艺术创作是为公共空间设置艺术作品，以材料为载体，通过不同材料的运用和加工，制成具有审美价值的造型，来传达设计意图，表达某种艺术思想和设计理念，营造空间氛围。可见，良好的设计创意是需要精湛的工艺技术和对材料的深刻理解来支撑的。

公共艺术设计的目标是创作公共艺术作品，作品的落地实施要以材料的恰当运用为基础。公共艺术的可利用创作材料非常丰富。可以说，几乎一切能够进行加工成型的材料，都可以作为公共艺术的材料。材料和色彩按不同空间、景深、环境色彩变化来选择，主要包括各类金属、石材、水泥、陶瓷、玻璃、纤维及综合性材料等。

一、材料的运用

（一）材料审美

材料作为艺术创作的表现媒介，除了要体现材料本身的美感，还要通过加工和组合传达出公共艺术作品的美感。材料自身除了拥有视觉和触觉审美之外，还包括听觉和嗅觉等感官的审美感受，所以，在作品创作材料选择时要对材料的性能有充分的了解。

（二）材料承载的意义

材料本身不但可以传达出固有的审美特征，有些材料还具有文化属性，通过了解材料的表面特征、背景内涵进而表达设计意图。

（三）材料的使用原则

（1）安全性原则。由于公共艺术作品存在于公共空间，作品的欣赏对象为广大群众，所以设计作品的同时要充分考虑选择的材料是否存在安全隐患，应充分保障作品的稳定性、牢固性。施工安装后应定期检查，避免发生意外。

（2）耐久性原则。公共艺术作品的放置空间对作品的材质有限制和要求，室内外空间物理环境的不同，对作品材质选择的要求就不同。

（3）地域性原则。公共艺术作品材质的选择，应充分考虑地域性的特点，建议因地制宜、就地取材，一方面能够使作品承载本地文化、彰显地域特色，另一方面在成本控制、加工制作、运输周转等方面也能便捷高效。

（四）材料的创新应用

（1）反常规的材料运用。为寻求新奇的艺术效果，在创作中可以把其他领域的材料应用于公共艺术作品的创作与实施，通过反常规的设计手法表现审美感受，提升作品艺术价值。

（2）传统材料创新应用。对于公共艺术作品设计制作的传统材料，如石材、金属等可以通过新的造型方式、新的加工制作工艺产生全新的视觉效果与空间体验。

（3）废弃材料和低廉材料的运用。废弃金属材料通过切割、焊接等技术形成新的造型，创造新的造型语言。废弃材料是艺术界常用的设计手法之一，有很多成功案例。低廉材料如纸张、布料、塑料、纤维等，有利于节省成本实现特殊价值。

（4）新材料新技术的运用。公共艺术形式的多样性决定了公共艺术材质选择的丰富性，从传统的石材、铜、铁，延展到金属、声、光、电、水多种材料的综合运用。科学技术的发展为公共艺术创作领域提供了新的技术支持，不同的材质让公共艺术品呈现出不同的特征，也使我们的生活变得不再单调乏味，而是充满趣味。

二、石材材料

(一) 石材的含义与特征

石材是现代社会中一种相对高档的建筑装饰材料，但是，多数人对其种类、性能并不完全了解。当前，市场上出售的常见的石材有大理石、花岗岩、水磨石、合成石，其中比较有名的是大理石，其汉白玉石料是大理石中的上品；花岗岩的硬度要大于大理石；而水磨石是一种混合石材，是以水泥、混凝土等为原料经过锻压而成的；合成石则是利用天然石的碎石加上黏合剂之后，经过人工加压、抛光制作而成的。由于后两者是人工制作而成的，因此在强度上要低于天然石材。

石材可以分成两种：天然石材与人工石材，并且其颜色与种类都比较多。由于石材的户外防风化性、吸水性、强度等方面具有很突出的表现，因此，石材成了现代公共艺术设计中常用的一种材料。石雕艺术是国内外都具有悠久历史的一门艺术，在现代的广场、古代的园林中都很常见，就是在现代社会，石材依然是城市公共艺术在制作的过程中最为重要的一种信息媒介。

石材的优点有以下几点：

（1）人造石材的优点。人造石材有着很多的优点，如便于加工塑型、对人体的辐射率比较小、破损之后也十分便于修补等，这让它变成了设计师手中的宠儿。

（2）天然石材的优点。天然的石材主要是经过人工开采，从天然的岩体中分离出来，并且被人为地加工成板状或块状的石材总称。天然石材具有如下优点。

①蕴藏十分丰富且分布的面积较广，有利于就地取材。

②天然石材的结构很密，抗压强度比较高，很多的天然石材的抗压强度都可以超过 100MPa。

③天然石材有很好的耐水性。

④天然石材有很好的耐磨性。

⑤石材具有良好的装饰性。其艺术效果表现为纹理相当自然、质感十

分厚重、庄严雄伟。

⑥耐久性比较好，一般石材使用年限均可达到百年以上。

（二）公共艺术设计中的石材应用

因为石材十分坚硬且不易被腐蚀，所以它在公共艺术设施的设计过程中被广泛地运用，如石椅。不同的石材具有不同的表情特征，一般具有厚重、冷静的表情特征，通常可以起到烘托与陪衬其他材质的作用。石材的纹理具有自然美感，可以进行切割，产生各种丰富的造型和拼贴效果。

图2-6是一个由石材制作的大型雕塑，它的大气和厚重感油然而生，这也是其他材料所无法替代的。

图2-6　石雕

三、金属材料

（一）金属的含义与特性

金属材料是以金属元素或金属元素为主构成成分的材料的统称，这种材料具有金属的特性。其类型比较多，如纯金属、合金、特种金属等，金

属材料的分类通常有黑色金属、有色金属与特种金属。

黑色金属也叫钢铁材料，主要是指含铁量在90%以上的工业纯铁，含碳在2%~4%的铸铁，含碳低于2%的碳钢等，广义上的黑色金属还含有铬、锰及其合金。

有色金属主要是指除了铁、铬、锰之外的其他所有金属及其合金，一般可以分成轻、重金属，贵金属，稀有和稀土金属等。从强度与硬度上看，有色合金要比纯金属更高，且有较大的电阻，同时其电阻温度系数比较小。

特种金属材料主要有两大范围，一个是不同用途的结构金属材料，另一个是功能金属材料。其中还包括采用快速冷凝技术获取的非晶态金属，还有准晶、微晶、纳米晶等多种金属材料等；除此之外还包括隐身、抗氢、超导、形状记忆、耐磨、减振阻尼等特殊功能合金。

金属材料具有下列性能，了解这些性能对我们处理金属材料很有帮助。

（1）切削加工性能：这一性能可以反映出金属材料用切削工具（如车、刨、磨、铣削等）进行加工处理的难易度。

（2）可锻性：这一特性主要反映出金属材料在压力加工处理过程中所成形的难易度。

（3）可铸性：反映在金属材料上，表现是熔化浇铸成为铸件的处理难易度。

（4）可焊性：这一特性反映金属材料在局部快速加热，使结合部位快速地熔化或半熔化（需加压），进而让结合的部位牢固地结合而成为一个整体的处理难易度。

（二）现代金属公共艺术制作工艺

从现代金属公共艺术制作工艺的形态来看，一般制作工艺主要包括成型工艺和表面加工工艺这两种主要工序。

1. 金属成型工艺

成型工艺的选择主要取决于设计者对材料的选择与造型的要求。最常见的金属成型工艺包括：锻造工艺、铸造工艺、焊接工艺、铆接工艺、拉丝编织成型工艺等。

（1）锻造工艺，分为手工锻造和机器冲压两种形式。手工锻造是指以手工锻打的方式，在金属板上锻锤出各种高低凹凸不平的浮雕效果或圆雕。它是一种古老的金属加工工艺。我国有着悠久的手工金属锻造的历史，特别是唐代达到一个高峰。虽然今天的现代科技高度发达，古老手工的锻造工艺仍然以其浓厚的手工美，保持着独特的魅力。

手工锻造工艺的工具有：铁锤、小锤、各种型号和形状的錾子、铁垫板、沙袋、固定胶、汽油喷灯等。

（2）铸造工艺，是把熔化的金属熔液浇注到具有与作品形状相适应的铸型空腔中，待熔液凝固并冷却后获得金属装饰品的工艺过程。铸造工艺在中国古代以陶范铸造（以后演变为泥型铸造）和失蜡铸造为主；进入现代，则有砂型铸造、泥型铸造、实型铸造、失蜡铸造（融模铸造）、石膏型铸造、陶瓷型铸造、电铸和离心铸造工艺等。

金属装饰艺术铸件的材料，古代以青铜、黄铜、铸铁为主，其次有锡、白铜、黄金、银等；在现代则有青铜、黄铜、铸铁、不锈钢、铝合金、锌合金、铅锡合金、白铜、黄金、白金、银等。

（3）焊接工艺，是充分利用金属材料在高温作用下易熔化的特性，使金属与金属发生相互连接的一种工艺。其中有电焊工艺、气焊工艺等。电焊工艺，是由手钳夹持的焊条与需焊接的金属母材分别接在不同的电极上，当焊条与母材接近时引发电弧而产生热量，使金属受热熔化，冷凝后二者则焊接在一起。气焊工艺，是利用可燃气体（乙炔、天然气、丙烷、丁烷等）在氧气助燃下形成火焰，产生热量，熔化与母材相同材质的焊料，而进行焊接。

（4）铆接工艺，是利用铆钉、螺栓等连接件将金属部件连接起来的工艺。这一工艺十分简单，用电钻打孔，再用铆钉或螺钉将金属物紧紧连接成一体即可。

（5）拉丝成型编织工艺，指将金属材料拉制成条状或丝状，制成金属丝，然后编织成型。金属表面处理工艺，是保护和美化作品外观的手段，分表面着色工艺和表面肌理工艺。

2. 表面加工工艺

表面着色工艺，也称做色，就是使用化学、电解、物理、机械或热处理等方法，使物体表面形成各种有色泽的膜层、镀层或涂层。着色的方法较多，称谓各异。根据处理手段和色彩来源的不同，一般可分为涂装着色、化学着色、电解着色、化学镀及电镀着色、真空镀覆着色、染色、热处理着色及传统着色技术等，其中最常用的是化学着色方法。

（1）涂装着色，就是以各种类型的有机涂料，应用浸涂、刷涂、喷涂等方法，在金属表面形成带色涂层。

（2）化学着色，是指在特定的溶液之中，通过金属表面与溶液发生化学反应，在金属表面生成带色的基体金属化合物膜层的方法。

（3）电解着色，也称电化学着色，是指在特定的溶液中，通过电解处理方法，使金属表面发生反应而生成带色膜层。

（4）真空镀覆着色，也称为干法电镀，就是在真空条件下，用物理方法使金属表面沉积金属、金属氧化物或高熔点合金等材料，形成均匀膜层的工艺。

（5）染色，也称阳极氧化，是在特定的溶液中，以化学或电解的方法对金属进行处理，生成能吸附染料的膜层，在染料作用下着色，或使金属与染料微粒共析形成复合带色镀层。染色的特征是使用各种天然或合成染料来着色，金属表面呈现染料的色彩。染色的色彩艳丽，色域宽广，但目前应用范围较窄，只限于铝、锌、镉、镍等几种金属。

（6）热处理着色，就是利用加热的方法，使金属表面形成带色氧化膜的着色方法。

（7）传统着色技术，是指那些在古代广为使用的金属表面着色工艺。其中的一些方法延续了千百年，或发展成为一项专门的表面装饰工艺，或仍被经常用于艺术品的表面着色处理；而有一些工艺则失传已久，至今未被发掘出来，有待于进一步研究。传统着色技术包括做假锈、汞齐镀、热浸镀锡、"水银泌"表面处理、鎏金、鎏银及亮斑等。传统着色工艺一般均具有很好的装饰效果，有的还有较强的耐磨性和优良的耐腐蚀性能。

3. 表面肌理工艺

表面肌理工艺，是指通过锻打、刻划、打磨、腐蚀等工艺在金属表面制作出肌理效果。

表面抛光，是利用机械或手工以研磨材料将金属表面磨光的方法。表面抛光又有磨光、镜面、丝光、喷砂等效果。根据表面效果的不同，使用的工具和方法也不尽相同。

磨光的工具是粘有磨料的砂布、砂纸、磨光轮、磨光带、砂轮等。磨光时，无数个磨料颗粒相当于无数个硬度很高的刀刃，在金属表面进行切削加工，从而达到平整的目的。

镜面效果分为预抛光和精抛光，预抛光是用硬性或较硬的抛光轮对经过磨光的金属表面进行处理的过程，它能除去磨削表面较粗的痕迹。精抛光是用软性轮对预抛光表面做进一步的加工，除去预抛光留下的痕迹，获得光亮镜面。

丝光效果，是利用装在磨抛机上的刷光轮，对金属表面进行加工得到装饰性丝纹刷光和缎面修饰效果的过程。

喷砂效果，是用压缩空气流将砂子或钢铁丸、玻璃丸等磨料喷在金属表面，使其出现均匀美观、略粗糙的砂质表面。

表面镶嵌工艺有着悠久的历史，它包括嵌石和嵌金两种工艺。这里着重介绍嵌金工艺，也称金银错。它首先在金属表面刻画出阴纹，嵌入金银丝或金银片等质地较软的金属材料，然后打磨平整。效果非常纤巧华美。

表面蚀刻与蚀画，是使用化学酸进行腐蚀而得到的一种斑驳、沧桑的装饰效果。具体方法如下：首先在金属表面涂上一层沥青，接着将设计好的纹饰在沥青的表面刻画，将需腐蚀部分的金属露出。下面就可以进行腐蚀了，腐蚀可以视作品的大小，选择浸入化学酸溶液内腐蚀或喷刷溶液腐蚀。一般来说，小型作品选择浸入式腐蚀。化学酸具有极强的腐蚀性，在进行腐蚀操作时一定要注意安全保护。表面锻打，也是由古代的锻造工艺发展而来的。它是使用不同形状的锤头在金属表面进行锻打，从而形成不同形状的点状肌理的一种金工工艺，层层叠叠，十分具有装饰性。

（三）公共艺术设计中的金属应用

金属类材料的应用在现代城市中也十分广泛，金属材料凭借其自身的天然永恒性及高贵性，在现代公共艺术设计中具有十分广泛的实用价值与审美价值，同时也给现代作品创作提供了一个多方位的设计空间。金属材料的种类同样有很多，所以它们的加工工艺及方法也会不同。而各类金属具有的不同质地与色泽，也让公共艺术创作作品给城市带来了新的实施空间。

金属材料通过不同加工工艺会有不同的视觉与触觉美感。其中十分常用的是金属材料铜、铁、锡、铝、金、银等，还包含有各种合成的金属材料。不管是抛光的金属还是哑光的金属，都可以在公共艺术设计师之手被重新赋予新的生命。而金属也就成了设计师们个人才华施展的常用材料。

由于金属材料有比较好的表现能力，所以在公共设施中被广泛地采用，具有冰冷、贵重的特点。在设计的时候可以依据需要加工成各种各样的造型，塑造出不同的视觉效果，提高设计的品质。其中比较典型的金属材料公共作品是巴黎埃菲尔铁塔，这是世界建筑史上的奇迹，也是金属建筑的代表，更是法国巴黎城市的象征。

图 2-7 是一个金属做成的海豚雕塑，可以看出它的光泽度，体现了金属海豚的栩栩如生，以及它们的神态各异。

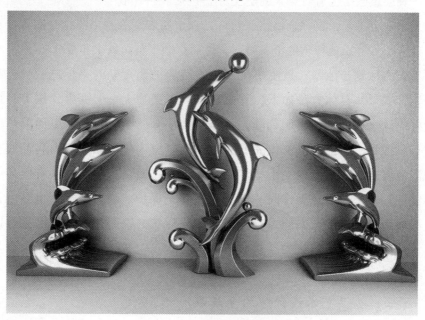

图 2-7　金属做成的海豚雕塑

四、木材材料

（一）木材的含义与处理

木材是指可以次级生长的植物，如乔木、灌木。这些植物在初生生长结束后，根茎中的维管形成层就会进行活动，逐渐地向外生长出韧皮，而向内则发展出了木材。对于木材来说，其实际上就是维管形成层往内部发展而成的一种植物组织的统称，主要包含了木质部与薄壁射线两个部分。

木材对人类的生活有较大的作用。按照木材性质的不同，人们可以把它们用作不同的途径。木材主要有两大类：针叶树材、阔叶树材。针叶树材如各种杉木、松木等；阔叶树材如柞木、香樟、檫木及桦木、楠木等。

对木材的使用就是对木材加工处理的过程。人类除直接使用原木外，还将木材加工成各种各样的板方材或制品。为了减少木材在使用过程中发生变形或开裂的现象，通常会将板方材进行自然干燥或人工干燥处理。自然干燥主要是把木材堆垛起来气干；人工干燥则使用干燥窑法，有时也会使用简易烘、烤法。经干燥窑法加工处理的木材质量较好，其中的含水率有时仅仅不到10%。对于在使用过程中较易腐朽的木材来说，要事先做防腐加工处理。

（二）公共艺术设计中的木材应用

在公共设施中，木材是一种使用比较广泛的材料，它具有的可操作性是其他材料不可比拟的，并且木材加工处理之后具有容易拆除、易拼装的特点。木材不但具有加工比较方便的特点，其本身还有较强的自然气息，很容易就能融入与软化周围的环境，其符号特征比较明显。因为木材是一种十分暖性的材质，所以比较适合制作成座椅、床位等和人体直接接触的设施，但是需要注意的是，因为公共设施多是放置在户外，所以木材也需要进行防腐处理。

木材的应用在我国有十分悠久的历史，不管是古代的建筑艺术还是雕刻艺术，都有很多优秀的艺术作品产生。我国有很多的木雕艺术作品与历史故事甚至民间传说进行了结合。木材的种类很多，其中比较常见的木材种类有樟木、银杏木、核桃木、榉木、紫檀等。

对木材的使用要分情况而定，具体的树种木材使用要根据其设计的城市公共艺术的位置与环境来确定，同时也需要按照设计的作品内容与投资的状况来确定。室外环境需要选取硬木且做防腐防水处理。实际上，不管是何种木材，只要使用合理与恰当，就可以设计出卓越的作品。

图 2-8 是一个木材雕刻的小猫雕塑。小猫木雕的肌理光滑，圆润的外形显得更加美观自然。以木材为原料创作雕塑，木质肌理可以装饰雕塑形体、烘托雕塑主题，传达出作者喜欢小动物的感情。

图 2-8　木材雕刻的小猫雕塑

五、玻璃材料

（一）玻璃的含义与特征

玻璃在中国古代也称琉璃，是一种透明、强度和硬度都比较高、不透气的材料。在日常环境中，玻璃呈现化学惰性，也不会和其他的生物产生作用，因此其用途也十分广泛。玻璃通常不和酸发生反应，但是玻璃溶于强碱，如氢氧化铯。玻璃是非晶形过冷液体，在常温下呈现固体形态，易碎，其硬度为摩氏 6.5。

普通的玻璃应该具有下列特性。

（1）具备良好的透视、透光性。

（2）具备隔音效果，能够起到一定的保温作用。

（3）抗压强度远大于抗拉强度，是一种十分典型的脆性材料。

（4）化学稳定性比较高。在一般的情况下，能够抵抗酸碱盐及化学试剂与气体的腐蚀，但长期的风化与发霉也会使其外观遭到破坏而降低透光性。

（5）热稳定性不好，在急冷急热的条件下很容易发生炸裂。

（二）公共艺术设计中的玻璃应用

玻璃可以对光产生较强的反射、折射性作用，这是玻璃和其他的材质之间存在的根本不同之处。在具体的公共设施设计过程中，设计师们可利用这种特殊的质感加以设计，以此来增加作品独特的视觉感。除此之外，玻璃的硬度较好、容易清洁，这些特点使玻璃可以很好地适应户外的环境。但是玻璃的最大的缺点是易碎，这一特点同时也使玻璃在户外环境的利用过程中受到极大的限制。不过，随着现代科技的发展，近年来对玻璃的性能也在不断地改善和提升，它的缺点也得到很大程度的改善。

此外，玻璃还有较好的可视性特点，这就使公共设施对周边环境的干扰大大减少了。这个特性促使玻璃在公交站亭、电话亭等多种大型的公共设施中得到广泛的使用。

现在的一些城市雕塑中也将玻璃作为了一种十分常用的材料来进行设计，如图2-9玻璃工艺作品——生命之树，晶莹剔透的树身给人一种别样的风情，作为夜景的一部分，更让人能够感受到生命的力量。

图2-9 玻璃工艺作品——生命之树

六、塑料材料

（一）塑料的含义与工艺

塑料实际上是合成树脂的一个类型，其形状也和天然树脂中的松树脂极其相似，但是由于经过了化学的方法进行了合成，所以就叫作塑料。塑料的主要成分为合成树脂。树脂在塑料中的含量相当高，占到塑料总重量的40%~100%。塑料的基本性能主要取决于树脂的本性，但是树脂中的添加剂也有着重要的作用。有很多的塑料实际上就是由合成树脂组成的，不含或少含添加剂，如有机玻璃、聚苯乙烯等。

塑料的成型加工主要是指合成树脂加工制作成塑料制品的程序。加工通常有压塑、挤塑、注塑、吹塑、压延、发泡等六个程序。

（1）压塑：压塑又称模压成型、压制成型，压塑成型主要是用在酚醛树脂、脲醛树脂等热固性塑料成型方面。

（2）挤塑：挤塑也称挤出成型，是用挤塑机（挤出机）把已经加热了的树脂持续地通过模具，挤出所需要的形状制品的一种方法。挤塑常常会用在热固性塑料的成型阶段，还可用于泡沫塑料的成型。

（3）注塑：注塑也称注射成型。注塑的过程是运用注塑机把热塑性塑料的熔体在高压作用下注到模具中，再经过冷却、固化来获得所需产品的方法。注塑一般也可以用在热固性塑料或者泡沫塑料的成型制作。注塑具备的优点为生产速度比较快、效率比较高，操作也能够采用自动化，尤其适合大量地生产。

（4）吹塑：吹塑也称作中空吹塑或中空成型。吹塑通常是借助压缩空气的压力让闭合在模具中的热树脂型坯经过吹胀程序之后形成一个空心的制品的方法。吹塑有两种方法，即吹塑薄膜和吹塑中空制品。

（5）压延：压延是把树脂中的各种各样的添加剂经过预期的处理之后，再通过压延机的两个甚至多个压延辊间隙加工成薄膜或片材，之后再从辊筒上剥离下来，经过冷却之后最终成型的方法。需要注意的是，这些压延辊的转动方向是相反的。

（6）发泡：发泡也称发泡成型，就是在发泡材料（PVC、PE 和 PS

等）中加入一定量的发泡剂，让塑料可以产生微孔结构的过程。一般说来，基本上所有热固性与热塑性的塑料都可以做成泡沫塑料。

（二）公共艺术设计中的塑料应用

塑料本来是一种人造的合成物，是现代材料的杰出代表，由于其不易碎裂，加工起来也相对方便，所以在设计方面已经被广泛地运用。塑料能够根据预先的设计，制作成各种各样的造型，这一点是其他材料无法比拟的。塑料具有特有的人情味及较强的时代感，是现代工业文明的信息传达手段之一，同时，塑料还具备较好的防水性，能够大量地用在公共设施设计中。虽然塑料具备较好的可塑性，但是其缺点也十分明显，其主要的表现是容易老化、褪色。随着科技的发展，塑料加工技术日益进步，这方面的缺点也得到了较大程度的改观。

七、树脂复合材料

树脂是一种高分子化合物的统称，一般为无定型的固体和半固体，分为天然树脂和合成树脂两大类。松香、安息香等是天然树脂，酚醛树脂、聚氯乙烯树脂、环氧树脂等是合成树脂。合成树脂是现代社会出现的一种人工复合材料，俗称"玻璃钢"，它其实是高分子化合物的总称，通常是没有定型的固体与半固体，是现代社会中出现的一种人工合成材料。由于它的成型工艺比较简单，可塑性强，质地坚硬，强度高，重量轻，可以根据需要进行任何一种颜色的着色处理，而且价格便宜，所以，这种材料在现实生活中应用十分广泛。它既可以制造汽车的外壳、帆船的船体、家具等工业和民用产品，还可以制造涂料、黏合剂、绝缘材料等，由于它具备的种种优点，所以在造型艺术中也被人们广泛运用。在公共艺术中，人们用它做成圆雕、浮雕来美化生活，用它模仿金属材料、石材等其他自然材料，可以达到以假乱真的视觉效果。

这种材料的应用范围也比较广泛，是现代社会公共设计艺术中的经典材料。图2-10就是一个用树脂复合材料做成的抽象石头，雕塑很有纹理和质感，这个雕塑的材质比较轻，便于人们进行搬运。

图 2-10　树脂复合材料做成的抽象石头

八、纤维材料

（一）纤维材料的含义与特征

纤维艺术是以天然动植物纤维（丝、棉、麻）或人工合成纤维为材料，采用编织、环接、缠绕、缝缀等多种制作手段塑造形象的艺术形式。纤维艺术特定材质的运用和表现形式的多样化，使纤维艺术的造型语言具有更多的表现力和可能性。传统的纤维艺术往往是平面化的，表现形式常以壁挂、织毯为主，因此也被称为"墙上的艺术"或"地上的艺术"。但是，近年来纤维艺术向多元化发展，尤其是许多设计艺术家将立体造型的语言融入纤维艺术的创作，形成了当今社会广为流传的纤维立体织物——软雕塑，有利地扩充了纤维艺术的表现力，使传统的纤维艺术具有了现代艺术的意义。

纤维艺术是一种材料艺术，雕塑是一种技艺表现艺术，而作为"软雕塑"的现代纤维艺术则具有了两者共有的本质特征。纤维"软雕塑"的表现材料仍然是以纤维为中心，但表现手段却开始采用雕塑的立体表现语言——加法和减法塑造，编织在这里已经与雕塑技艺中的堆塑具有相同的意义。这意味着现代纤维艺术已经开始改变传统的平面化表现方式，成为一种分割空间并占领空间的独立艺术门类。现代纤维艺术汲取了现代雕塑的艺术精神，在表现语言上实现了由二维向三维的转换；在表现材料上以纤维为基础，并广泛采用金属、木材及综合材料，丰富了纤维艺术的表现力；随着表现材料的扩展，在表现手段上也不局限于编织，雕、刻、焊接等手法也进入了现代纤维艺术。这些方面的扩展和演变使现代纤维艺术具有了灵活的空间结构和丰富的表现形式，同时在表现纤维艺术的张力和亲和力上具有了现代艺术追求生命价值的意义。

（二）材料在公共艺术中的应用

纤维材料的使用比较普遍，在很多的艺术表现形式中都有高超的表现，如现代社会中的服装设计、家居陈设、装置艺术，等等。通常，传统的纤维艺术都设计成平面化的，表现的形式也常常是壁挂、织毯等类型的。图2-11就是设计师用纤维材料制作的小羊壁挂，可爱的小羊形象搭配毛绒绒的纤维材质相得益彰，让人爱不释手。

图2-11　纤维材料制作的小羊壁挂

九、综合材料

（一）综合材料的含义与特征

在现代公共艺术中，新型材料的运用更是日新月异，人们不仅利用单一材质进行艺术表现，而且利用多种材质的组合进行创作，更加丰富了公共艺术的表现力，同时丰富了公共艺术作品创作手法和艺术语言，也增加

了这门艺术新鲜感。

综合材料的运用，主要指采用纤维、皮革、金属、木材等多种软硬质材料，运用美学原理，如通过质感对比、材料对比、对称、结构对比等造型语言，充分显示不同材料的质感美、色泽美和造型美，使公共艺术作品更具有时代气息。

总之，现实生活中的任何材料，只要能够符合作品创作的意图，就可以完美地表达设计思想，也可以满足作品所在地点的自然条件要求，就能够用来加以创作。现代社会中的很多采用了综合性材料的公共艺术作品都会在一定程度上给人展现艺术品本身所具备的内涵，同时还具有一个时代所具有的艺术气息。

现代艺术设计也在往多元化的方向发展，这在很大程度上同样体现为材料使用的包容性及合作性。城市公共艺术不但能够利用单一的材料来加以艺术表现，同时还在持续地尝试运用多种材料加以创作，以此来进一步丰富现代艺术作品的表现力及多面性。

（二）综合材料在公共艺术中的应用

综合材料的使用其实也是将各种材料的特性综合在一个艺术品身上，使这个艺术品的一个部位采用一种材料，表达出一种设计思想，透露出艺术家的设计情感。有些设计师经常使用金属和木材的结合、金属和石材的结合等。

当然，公共艺术设计还不只上述两种情况，还有许多由多种艺术设计相结合的情况，如现代艺术设计中将金属、玻璃、石材、陶瓷等结合在一起，制成现代公共艺术作品，表现了设计师强大的设计才能，体现了设计师现代设计技巧的完美结合。现代设计的材料是一种多种艺术的结合体，这就要求设计师能够按照不同的设计思维来进行设计。设计师在设计艺术作品的时候想要这件作品表达什么样的思想感情，想要作品采取的材料具有什么样的感情属性表现，是艺术设计时必须要思考的问题。例如，把玻璃和石材进行结合，图 2-12 的设计作品，用玻璃来表现水的通透，用石材来表现山的厚重，这样表达才是比较贴切的，使人的感受也比较震撼。

图 2-12　综合材料制作的艺术品

第三章　当代公共艺术空间创意设计

❋ 第一节　三种公共空间语境下的公共艺术

一、私人空间与公共艺术

公共领域具有多样性、多变性和争议性的特点，同时其内容的总和又源自所有公民的私人生活。公共艺术固有的这种私有性质，决定了大众与公共艺术的邂逅最终还是一次私人体验。在公共艺术发展的早期阶段，西方优秀的公共艺术作品持续出现的时期始于帝国时代，那时的王亲贵族和罗马教皇出资并挑选优秀艺术家对处于萌发期的公众空间进行艺术创作，而这些空间的所属权利还是控制在少数人手中。这是由少数人所决定的"公共艺术"，在这里我们可以称之为"私人领域"的公共艺术。这种模式的优势在于以下几个方面：

第一，公共艺术领域在私人资助下得到极大的丰富和发展。

第二，这种由艺术家统揽全局，把空间作为整体进行构思，而非分割成单个物体进行艺术创作的方式更有益于公共艺术的良性发展。

第三，经济自主权能提高创作的自主性。今天在大多数民主社会里，大众无疑已成为当代公共艺术认可和资助的主体，公众权力在公共事务中所发挥的优势作用也有目共睹。但我们不应轻视"私人领域"对公共艺术的潜在贡献。个人出资对公共空间的艺术作品进行资助通常是为了公共目的或表达公众感情而进行的。当然这赞助人中很多确实品位不高，有的只是为了满足个人需要，并非真正出于公益之心。然而如果要断言出于私人目的所做的都不是真正的公益行为，这样的说法可就值得商榷了。事实上，很多私人行为都在推动社区公共福利的发展。私人赞助人的努力同样改善了公共场所的景观和状况，同时还可以支持本地或那些未被发掘的艺术家，为从未有机会接近艺术的公众创造分享的机会。

著名的公共艺术作品《凯迪拉克农场》（图3-1）就是以富有和古怪而出名的艺术赞助人斯坦利·马什委托完成的。他所资助的公共艺术项目向人们阐释了从委员会选票和公共关系授权体制中解脱出来的公共艺术所能表现出的活力。马什社区活动家的经验使得他对作品所在区域形成共识并不担心。事实上，他似乎有意地通过作品鼓动公众去参与公共领域中对艺术的本质和功能的辩论。《凯迪拉克农场》是由一个叫"蚂蚁农场"的艺术小组创作完成的。在洲际40号公路繁忙的东向延长线上可以看到10辆经典款凯迪拉克汽车车头朝下、车尾朝天扎入地面，与大地漫无边际的平坦形成了鲜明的对比。1997年《凯迪拉克农场》从其原来的位置向西移动了两英里，搬到了一片养牛场上，脱离了城市的限制。游客、艺术爱好者和当地居民源源不断地去"朝圣"这件著名的公共艺术作品，可以自由地在车身上用喷漆留下自己的印记。作品旁边满地散落着各种喷漆罐，牧场入口处的大箱子里也堆着很多喷漆罐。这些公众的行为并不意味着对艺术作品的不敬，事实上，这里非常欢迎各种涂鸦行为。这些涂鸦证明了《凯迪拉克农场》的受众亲和力和平民主义诉求。这些凯迪拉克轿车并不象征财富和奢侈，而这件作品被认为是美国历史的经典。它们不再昂贵得难以接近，转而成为平民的艺术，受众将自己的名字题在他们所创作的艺术作品之上，享有自己的专属权。这种情形下，《凯迪拉克农场》不但没有被涂鸦糟蹋，反而变成了公众亲自参与创作的艺术品和纪念碑，它的艺术生命力得到了不断的延展。

图 3-1 公共艺术作品《凯迪拉克农场》

马什认为自己是艺术家，他经常与一个称作"炸药博物馆"的当地青年艺术家的团体合作，开发并完成他的公共艺术项目。其中，最值得注意的要数阿马里洛市和邻近城镇之间的交通标识，其数量多达 5000 个，并且每一个上面都包含有独特的信息。"炸药博物馆"和很多商业公司共同合作，对很多官方的街道标识进行复制。这些交通标识都呈菱形，有着夸张的印刷字体，同时带有很多娱乐性和令人烦恼或困惑的图像和文本，它们经常嘲讽艺术史的既定传统。

这些交通标识的"低俗"传播方式很适于人们发表"高端"的评论。比如有标识上面这样写着："不存在两个相同的标牌""如果不浇水，一切罪恶的根源都会死去"……这些标识让所有人都可以清楚地看到，但它们并不是随意放置的，是应私有土地主的要求安插在私人领地上的。一些艺术爱好者沿着阿马里洛市的街道进行类似寻宝一样的巡游，寻找那些公众所拥有的艺术标识，因此这些标识改变了统治艺术所有权的社会经济结构。马什的个人基金会向公众提供免费、原创的艺术作品，它们不仅出现在城市广场，也出现在个人家庭中。所有者搬家的时候可以带走这些标识，或者他不再需要该标志也可以随便扔掉。这些标识出现在所有场域里，阿马里洛的贫富社区都有。有一些是专门为所有者设计的，其中一个上面写着"艺术高贵的特点让我醍醐灌顶"的标识就出现在一个艺术教师的地产上。阿马里洛是一个不以前卫艺术而闻名的牧场社区，但马什及其项目的怪异特点极大地丰富了这个社区的艺术气质，使其生气勃勃。马什回避了很多公共艺术的传统套路，他的项目扩大了受众范围，具有本质上的平等性。它让人们从社会地位和金钱的束缚中解放出来，让那些没有机会接触艺术的人变为了艺术的拥有者。

事实上，虽然也存在一些令人遗憾的限制和不足，但在私人领域中还是出现了很多在形式与观念上强有力的、独具匠心的、有真知灼见的公共艺术作品。而它们的存在为公共艺术的平民主义路线提供了参照，并且不断地提醒我们，公共和私人领域是相互依存的两个整体，它们各自的"结构"在相互衬托和互补的功能中得以重新确立。今天，公共艺术受到资金不足的影响已开始有商业化的倾向。政府、公民团体和私人领域之间都围绕着公益事业进行互动，区分公共和私人的严格界限已毫无意义，因为它们已经开始相互渗透和影响。值得关注的问题是，公共目标和个体意志之间如何能达成真正的对话。

二、主题性空间中的流行文化与公共艺术

现代娱乐产业的发展使诸多创意性的想法得以变成现实，并且创造了很多主题性环境和城市娱乐场所（urban entertainment destinations，简称UEDS），该术语由社会学家约翰·汉尼根提出。UEDS 通常是一些大型的主题空间环境，它们致力于开发高度体验式的大众娱乐方式。在整个封闭的环境中，观众可以自由穿梭、参与互动，而不只是被动地观看。现代UEDS 所包含的丰富信息拓宽了我们对于"公共艺术"的定义，将很多以往几乎不被认为是"公共"或"艺术"的作品和场域纳入讨论范畴。这不是要改写公共艺术领域的整体范畴，而是对其边界进行部分调整。这就要求我们努力构建更为广义的公共文化概念，使其交织成共同的具有公共意义的体验网络，而不使其沦为某项流行一时或转瞬即逝的娱乐活动。这种公共艺术的思维方式打破了一些已有的关于消费文化深度和价值的预设，要求我们撇开对于诸如游乐场和主题公园等地方已有的论调和偏见。在这

些场所创作的"艺术"形态并不都具备纯粹的艺术或思想价值。正如艺术家马歇尔·杜尚所说，"艺术也许是劣质的，也许是优质的，也许还是无关紧要的，但无论我们使用了什么样的形容词，我必须称之为艺术，就像我们把坏情绪也称之为情绪的一种一样，劣质的艺术也是艺术。"

同样，美国艺术评论家阿瑟·丹托认为，"一件作品可能是良好的公共艺术，也可能是较差的、无关紧要的艺术。这让审美标准的深度无关乎事物的实质和实效。"❶ 尽管我们不希望将"公共艺术"从"艺术"中分割出来，我们也不认为审美标准是不重要的因素，但有时确实需要这样的标准为公共艺术作品"撑腰"。虽然，持否定观点的人仍抱怨它们是回避社会问题的肤浅的娱乐活动，但城市主题性场域仍然是经过精心构思和艺术设计的重要的当代公共艺术形式。事实上，为公众提供娱乐、消遣和放松的机会并不是微不足道的事情。艺术不一定处处都要让人得到心灵的彻悟和精神的洗礼，那些最令人不满意的艺术体验通常都是那种站在道德制高点说教的高谈阔论。但是批评者认为，主题场域的流行文化令人浮躁不安，甚至具有某种胁迫感。随着时间的推移这类环境中的空间也将变得陈旧乏味，在这里一个地方的本来面貌及其相关的社会关系被抹杀殆尽。他们担心，这种新型城市文化的兴起是以牺牲自觉为代价的盲目消费主义。这样的城市文化表面光鲜，展现出无限的机遇，却是不断重复的、同质化的、苍白的都市主义。这里要明确两点。第一，想要为大众创造艺术的愿望应该首先建立在满足人们不同方面需求的基础上。第二，努力向流行文化取经是完全适当和必要的。这不是表明社会问题会被忽视和否定，事实上，受众可能更乐于从熟悉的方式中接受某些严肃的信息。

公共娱乐空间（如大型电影城、主题公园、游乐场等）在全球不断崛起，这些大型的娱乐设施让它们所在的城市充满活力，也成为影响大众现代都市生活的重要文化方式。这些公共娱乐空间为"娱乐消费"而设计，经常强调参观者的参与和体验等娱乐理念。这些城市娱乐设施的开发者推动了新型公共文化概念的兴起，项目价值体系的建立体现了这种文化对社

---

❶ 丹托. 艺术的终结之后：当代艺术与历史的界限［M］. 王春辰，译. 南京：江苏人民出版社，2007.

会各个阶层都具有吸引力、没有压迫感且经济上可承受的平民主义关怀。其中蕴含着这样一种潜台词：尽管各种社会矛盾仍然实际存在，不同阶层群体还是可以在民主概念下的公共场域中和平共存。今天，很多公共娱乐空间作为重振地区经济体的娱乐性景观而建。尽管批评者谴责娱乐场和主题公园脱离了艺术真正的身份和责任，也脱离了那些日常社会生活中的严肃主题，然而这些地方并不是专业的艺术场所，只是当代都市文化中闪亮的元素，具有振奋人心的潜在力量。它们经常是创造出一种激动人心而且场景特殊的环境，轻松地营造出各种艺术体验，比很多传统公共艺术作品更受大众欢迎。这是因为大众经常不会将主题性场域看作艺术空间，它们所涉及的文化含义更加宽泛易懂。人们不会被轻易吓跑，并愿意融入其提供的各式体验之中。在美术馆里，艺术作品孤独地伫立在自己的意境中，整个环境被人们认作一种超然的艺术空间。而在主题性环境中，艺术内容只是整体概念的一部分。

美术馆里陈列的艺术作品处在虔诚的艺术氛围中，而城市广场和街道上的艺术作品却似乎成了很容易被忽视的视觉背景。但是，主题性场域是空间、科技、装饰、购物、美食及其他活动构架的相互关联的整体，它创造了统一、连续又非支离破碎的完整体验。这些文化空间确实在不断为大众提供着满意的身心体验。对公共艺术感兴趣的人来说，能够认清这种新兴的公共文化现象所产生的力量比简单地贬低它的价值更有意义。

今天，在世界各地旅行，尤其是在一些著名的历史文化空间中，人们经常会与各种意在还原历史场景的仿真蜡像们相遇，这些蜡像带有明显的精雕细琢的模仿意味和图解历史事件的作用。这种精准的再创造是纯粹的复制品，模糊了现实和模仿、历史和重现及原始和映像之间的边界。这些复制品并不是以平面的图像呈现的，而是按照原始尺寸进行完美地复制。历史故事在这样的"复制"中变得"不朽"。1999 年 6 月，艺术家蔡国强受策划人史泽曼邀请参加威尼斯双年展，展出观念艺术计划《威尼斯收租院》。他从国内请来 9 位雕塑家，现场制作这组极具代表性的群雕《收租院》，并获得双年展最高奖项"金狮奖"。

在主题公园和娱乐场中，设计者无意将仿制品当作比现实更逼真的代替品来戏弄我们。这些夸张的展示意在通过体验刺激受众的消费，很多参观者能迅速地捕捉到这种商业主义的快感，对于自己应以何种程度参与作出相应的选择。事实上，大多数人很沉醉于自己能够从这些模拟事物本身区分出其存在的真实意义。受众愉快地参与到仿真的体验当中，然后再跳出来审视这种幻象如何在科技中得以实现。这种景观不会因被识破而黯然失色，人们对它的欣赏使得其价值得以提升。从这种意义上讲，UEDS 受原素材的启发为其提供了一种替代性的环境，而不是临摹拷贝的标本。它们并没有像通常被指责的那样抹杀了我们对于"真正"世界的审美。主题性场域中的公共艺术要将空间的审美用途和社会用途同等看待，不能偏重任何一方。主题空间让这些功能相得益彰，同时也强调了其存在的经济价值。拉斯维加斯的威尼斯人酒店仿造意大利水城威尼斯的风光。包括叹息桥、圣马可广场、钟楼、刚朵拉等著名景点。酒店范围内到处都是充满威尼斯特色的拱桥、小运河及石板路。特别是布置在二楼的每20分钟变化一次的人造天空，着实令人流连赞叹。旅客还可选择乘坐威尼斯传统的狭长小船，饱览沿岸景色。参观人数和兴致并没有因为这一切都是仿制品而减少。

同样，日本东京迪斯尼乐园的"未来世界"也是游客络绎不绝，它成为孩子和家长们到东京旅游的重要理由。客观地看，流行文化对其使用者来说是有意义的，它帮助大众创造政治和社会身份，重申欲求与人们日常生活中形成的强烈共鸣，从而推动政治和社会身份认同的重建。公众成员不应该是受政府、媒体和文化产业操控的消费者。如果我们对文化的现代主义和后现代主义方式进行对比就会发现，现代主义者对"品位"采取一贯的评判态度，他们认为低劣的文化产品被强加在了工人阶级身上。对现代主义者来说，文化平等是建立公平的、正式的教育基础。另外，后现代主义秉持文化相对主义的观点，主张文化评价应根据具体情况而论，这对流行文化一样有效。普通大众并不是被动地接受社会环境所给予的东西，他们仍保持着思维的敏锐度和主动性。他们会以自己独有的方式解读流行文化，并以出其不意的方式加以反馈和利用。学术界对娱乐性的不屑，是因为他们担心它将导致思维的懒惰，并且威胁公共领域的风尚。学者们通常认为，唾手可得的文化是肤浅且毫无价值的，因为受众不费吹灰之力就能获得和理解它们。如果用平民主义的视角观察，我们应该把大众理解为自己文化中的主体和专家，他们能够做出自己的判断和选择。

1971 年，迪士尼乐园在美国佛罗里达州奥兰多的一片沼泽地上拔地而起，并一举成为主题化娱乐文化的标杆。其界限明确，在实体上也与周围环境相隔绝，标志着日常生活向一种罕有的壮观场景的过渡。迪斯尼乐园在"品位"控制方面高人一筹，乐园不仅被妥善地管理维护，连雇佣的演艺人员也很有服务意识。无论在规模、形式还是细节上都做了精心设计，以期为游客打造整体式娱乐体验。"魔幻王国"是迪斯尼乐园建造的第一个主题公园。其建筑外形呈辐射状，层次丰富的布局有一种仪式化的渐进感和步伐感，每个主题部分也都相应地连接和过渡。因此，它变成了一个具有高度体验性，完全能将人包容其中的主体空间。游客在此既有身体的运动，也将感官体验投入其中。比如"美国小镇大街"是唯一可以进出"魔幻王国"的道路，该大街根据传统美国小镇设计而成，以一种不明确、不批判的方式凝结了美国人的爱国主义历史。大街上充满了令人留恋的回忆，其中大部分是美国小镇中理想化的童年时代的记忆。

迪士尼的设计师们被称为"幻想工程师"，他们并未把玛色林或其他任何一个小镇原样照搬过来，而是从小镇生活中取样，通过对过去的回顾式清理，用一种精巧的方式来"重建"历史，而并非简单复制。这种做法让人感到自由轻松、毫无束缚。总之，迪士尼乐园设计的特别之处在于：没有任何一个其他地方与之雷同。

三、自然空间中的公共艺术

地景艺术兴起于美国，是 20 世纪 60 年代至 70 年代早期一场重要的艺术运动。地景艺术强调艺术和自然的结合。艺术家对大自然稍做加工或处理，使人们重新审视大自然，从中得到与平常不一样的心理和视觉感受。创作材料多直接取材于自然环境，如水、泥土、岩石、原木、树枝、树叶等。推土机、挖掘机等工程机械也时常被用作改变地景的工具出现在创作过程中。在地景艺术中，艺术与大自然的结合，并不意味着艺术的介入改观了自然，而是把自然稍作加工或装饰，使人们对所处的自然环境重新进行思考和感悟。同时，地景艺术为人们理解艺术家的个人理念和公共艺术发展的关系提供了重要线索。

第一代大地艺术家们选择在广阔的土地上进行创作，他们和房地产开发商的工作方式相似，监管项目建设过程，与投资方谈判，获得土地使用权及管理预算。但他们同时也是社区活动家，致力于增强人们的环境意识，并从当地政府和普通大众那里争取到广泛的支持。尽管他们的项目吸引了人们对于土地的关注，但他们还是在"自然"景观中强调了宏大的建筑设计思维。无论直接介入还是参与重新规划土地，他们完全掌握了土地的命运，使其变成视觉艺术的载体。很多地景艺术家在寻求私人资助时意识到好的设计理念是值大价钱的。虽然大多数地景艺术家都利用私人赞助经费，同时崇尚艺术家自身的独立见解，但这些大地艺术通常都秉持独特的公共艺术理念。他们让人们注意到了那些很少被关注的自然空间，提高了自然环境和社会领域的互动率。这些艺术家同样蔑视博物馆和美术馆的体制化授权方式对艺术的束缚。地景艺术家和致力于平民主义的其他公共艺术家一样，当环境无法完美地展现他们的意图时，他们就选择另辟蹊径。面对传统艺术体制内在的桎梏，他们看不上那些美术馆和画廊自我标榜的审美标准。他们像波普艺术家那样，在"通行做法"不甚奏效的时候，便去寻找替代的办法。没有了常规艺术机构和艺术惯例的束缚，他们表现出对艺术的反馈能力的高度个人化状态。他们依托自然空间进行思考，强调自然空间与人的共存关系。

著名的地景艺术家罗博特·史密森在讨论艺术的存在和思想的短暂性时，呼吁要给艺术以更多的时间体验。他主张："艺术家不要受挫于先前经验的界限，应该脱离对艺术中理性技巧的关注局限，摆脱工作室生活的压制，与素材和空间融为一体。"《螺旋形的防波堤》是罗伯特·斯密森的代表作品。作品位于美国犹他州的大盐湖边一个荒凉的沙滩上。作品把垃圾和石头用推土机推到盐湖红色的水中，形成了一个巨大的螺旋形状堤坝，这个庞然大物占地十英亩，螺旋中心离岸边长达 46 米，所有长度加起来有 500 多米，顶部宽约 4.6 米。可以想象，在广阔荒凉的沙滩上，突然看到这么一个神秘的螺旋形状，肯定会产生一种惊讶和不可思议的感觉。它仿佛是远古人留下的遗迹，又让人想到旋转的海风、蜗牛爬过的痕迹及海螺身上的纹路。据说，罗伯特·斯密森本人特别喜欢螺旋形。他在这里建造这样一个漩涡图形的地景，源于盐湖城先民的一个古老传说。很久以前的盐湖城先民中，曾流传着一个盐湖通过一条暗流与太平洋相连，这条暗流不停吸入流水，在水面上形成了许多强大的漩涡水纹的说法。史密森借用这个掌故，使这个宏伟的"巨作"披上了神秘色彩和人文气息。史密森认为工业文明给人类带来了种种的负面影响，所以他迫切地希望通过艺术实践回到自然的荒野中去思考，寻找人与大地和谐的关系。

地景艺术家的创作范围通常都需要巨大的空间场域，采用创造性的技术完成他们的作品。他们的努力为社会大众参与艺术思索创造了伟大的背景，也许在人们毫无察觉的状况下突破了现在和过去对艺术的局限认识。当然，大部分地景艺术作品强调的是独处和冥思，而不是追求主题性场域中所弥漫着的娱乐气氛，但是它们都需要复杂的工程和建筑方式及不同工种间的协作才能得以实现。地景艺术将未开发、未使用过的自然空间转换成为可辨识的、具体的艺术背景和精神空间。最终，它们的物理位置依照自然界的地形和天气而确定。大自然通常成为重新校准或设置这些作品环境边界的"高手"。这些作品大部分最初并不是为特定场所而设计的，但一个成功的地景艺术作品所营造的主题空间会形成独有的地方特色，从而传达了一种其他地方无法模仿和取代的地域信息。这些与特定地域相融合的地景艺术作品违反了艺术可以自由移动和收藏的常理，但当我们思考其最终价值的时候，就会发现这些空间正在有意无意地反映着社会经济、文化状况的巨大变迁。

第二节　公共艺术美学意蕴

近年来公共艺术的发展已经使公共艺术成为艺术的重要门类，也成为人们体验美、感受美的重要美学实践活动，并将人和艺术与社会的关系推向了另一个空间——公共空间。从公众参与性角度讲，艺术不仅是传统意义上本质的再现，也是观者与艺术家在场域关系中的审美碰撞，其"主—客二元论"审美不仅在于我们的观念应是实现个性的全面性与价值的一种方式，更是推动人类社会发展的重要途径。然而，在当下公共艺术的发展中，始终存在着一个魔咒，即审美公共性的无法实现——艺术家形式的观念性和艺术语言与公众的审美化追求的确立之间的矛盾。

要想打破这个魔咒，必须解决两个问题：一是打破公共艺术创作对象的形式化的理解，树立一种超越当下的、物化性的观念，从公共艺术的实践经验和思维方式对艺术作品审美性进行探讨。二是打破公共艺术自身表现形式上的局限性和个人的经验理论，确立公共艺术在场域中观念性与公众参与性的关联，引导公众面对公共艺术介入的能动性。从公共艺术的本质出发，在相对艺术物化和观念表达中通过实现审美公共性来获得观众的审美知觉，从而真正达到马克思所讲的那种"人也按照美的规律来构造"。这种"美"不是简单的对艺术权衡的审美，而是通过审美实现观众对公共艺术作品内在的视知觉体验。越过艺术的功利性目的，从没有实用目的的审美途径去打破公共艺术的魔咒，就像康德在《判断力批判》中所说："审美判断是无利害的情感判断、无概念的普遍性、无目的的合目的性、范例的必然性，通过审美批判恢复潜藏在艺术中的创造性、否定性、可能性、超越性，在人性中恢复理性、自由、美、生活的欢乐这些感受和感受方式"，❶ 从而消解公共艺术自身的矛盾，实现公共艺术真正的美学价值。公共艺术在创作过程当中，艺术语言的书写由于行动与过程的介入是分开的，其场域性的特性决定了观众对艺术作品理解时不仅要透过艺术家对作品进行解读，而且要结合所处的空间性和场域性。公众参与到艺术作品当中，与艺术作品、空间、场域形成关系进行第二次创作，此时公共艺术作品创作才被认为是完成，作品中所蕴含的美学意蕴才能被观者正确地理解，真正地发挥教化作用。

一、公共艺术意境范畴的感性之美

人对美的理解中，视觉层面的美是感性的、直观的，而感性的、直观的美是通过人最直接的感性活动表现出来的。公共艺术的审美要素除了创造性外还包括审美交流，通过审美活动建立起艺术作品和观众之间的审美

---

❶ 康德. 判断力批判（上）[M]. 宗白华，译. 北京：商务印书馆，2009.

体验。而意境范畴在研究美的本质的同时，提出了革命性的观点——审美，不仅是对内在美的感知，同时也包含一种主观的判断力，通过审美活动来实现从对美的本体思考转向艺术作品的价值体系与观众视知觉体验。

理解意境范畴的感性之美要遵循人的"感官尺度"。人的感性表层内涵是一种认知机能，"由外在感官形成的观念"，从客观意义说，它是对自然世界中物象的一种感知。然而视觉对象与自然现象一样让我们的审美无法直接感知，公共艺术作为视觉空间艺术与博物馆架上绘画不同，无论是视觉的享受还是视觉的压迫，在审美知觉中我们只能被迫地接受。正如毕达哥拉斯探索的感性认知萌芽："一般的感觉，特别是视觉，乃是一种很热的蒸汽"。视觉对象就是知觉对象，公共艺术的呈现就必须考虑人的心理和生理的感知尺度，这种尺度具有普遍性，指导艺术家从私密空间转向公共空间。丹纳曾说过："艺术家本身，连同他所生产的全部作品，也不是孤立的。有一个包括艺术家在内的总体，比艺术家更广大，就是他所隶属的同时同地的艺术宗派或艺术家家族。"❶ 虽然他是站在艺术家角度，但从公共艺术的视角讲它不仅包括艺术的派别，更包含着公众的参与性。当艺术家在全身心地按照自己的感知和所谓的"知觉"进行艺术创作时，不仅要考虑艺术本身的形式美感和呈现出的视觉感受，更要思考艺术作品呈现时人的感官审美需求。艺术作品的审美性与观者的审美视知觉体验相撞，透过外在形式的创作手法对其内在的美学叙事解读，这一时期艺术作品与观众在同一个时间维度上面，消除了观者的审视距离方式，观众无论从哪个方面去审视公共艺术作品，只要艺术作品陈设的空间不变，作品当中所蕴含的美也不会发生改变，其观看的审视距离与时间维度在这个时候都没有任何作用，这一点与大地艺术、观念艺术就有许多相似的地方了，作品表达出的美学叙事方式也被观众理解，达到了公共艺术的目的。

仅仅遵循"感官尺度"是不够的，在此基础上要实现人的"情感尺度"。笛卡尔曾在唯理论观点中指出："认为感觉不可靠，但也不否认感觉对人生存活动的意义。"受到中世纪哲学家托马斯·阿奎那的影响，笛卡尔将人的感觉分为两类，一类是外感觉，包括视觉、听觉、嗅觉和触觉；

---

❶ 丹纳. 艺术哲学［M］. 傅雷，译. 成都：巴蜀书社，2018.

另一类是内感觉，包括欲求和情绪。那么，这里所提及的人的感性需求就不仅仅从感觉获得，更重要的是一种内部的自我反省，是从认知到达知觉、从视觉到达思维、从感受到达意欲的过程，同时也是一种情感尺度。公共艺术有其特定的场域，使艺术家在进行公共艺术创作时除了考虑艺术作品本身语言表达之外，还要结合作品所展示的场域环境，其共同作用于艺术作品审美之中。由于个体的视知觉不同，对艺术作品的诠释不同，很难使艺术作品呈现出统一的审美情感表达。就像王庆飞在《艺术中的色彩》中所概括的："艺术世界是由所有这样的人所构成的，他们的活动对于这个或其他世界规定为具有艺术特征的作品之生产是不可或缺的。艺术世界的成员要协调那些活动，由此，通过涉及体现在共同实践及通常被用作人造物中的惯例性理解来生产出产品。"❶

这里所说的惯例性理解，可以说是一种艺术惯例，在公共艺术中则体现为艺术家和观者之间产生的审美视知觉体验，包括艺术品创作艺术语言和抽象性观念表达，使艺术家和观者之间共同享有了某种在社会生活中积累的体验和思考，实现了观者的欲求和情感，这种情感的"共鸣"才能真正使公共艺术的呈现获得人的感性活动的价值。正如康德在《纯粹理性批判》中写道："通过我们被对象刺激的方式来获得表象的这种能力（接受能力），就叫感性。"❷ 这里所指的感性，除了视觉对感官产生的感觉和从感觉中获得感性思维外，还有被迫地整理和接受感性对象。那么这一步正是从客观的呈现到达了主观的接受。正如马克思所说："音乐只有对懂音乐的耳朵才有意义，对象的意义应当'以我们的感觉所及的程度为限'"。❸ 在感性的认识中，公共艺术作品的审美叙事解读应该抛开自己对物化所形成的先验理论，不能将艺术作品的外在形象表达与现实物化等同于一体，例如，在公共场合中我们看到一个外在形象很大的夹子，我们不能将生活中的夹子功能挪用过来对这件艺术作品进行解读，哪怕是外在艺术语言真的很像我们生活中的夹子。公共艺术对后现代艺术创作手法惯

❶ 王庆飞. 艺术中的色彩［M］. 北京：人民邮电出版社，2021.
❷ 康德. 纯粹理性批判［M］. 蓝公武，译. 北京：商务印书馆，2017.
❸ 马克思，恩格斯. 论文学与艺术［M］. 陆梅林，辑注. 北京：人民文学出版社，1982.

用的观念、拼贴、挪用等常见的表现手法的借用，介入公共艺术特有的参与性当中，艺术审美叙事语言不再成为视觉上的单纯的享受，而是上升到了观者的知觉体验，克莱夫·贝尔在其艺术理论当中倡导"一切有意味的形式"，公共艺术作品当中的形式就是观众的参与性与艺术审美的视知觉体验。经过"情感尺度"的弥散之后，公共艺术还要给予人合理的"想象尺度"，至此整个审美接受认知才是完整的。感性活动虽然基于人的生理和心理，但在这个复杂的过程当中，不仅包含着感受、判断、审视，甚至记忆和思考，还包含着一种想象、意蕴或者说是一种观念形式上的创造。这里的想象不仅包含艺术家所寄予的表现空间，更是艺术作品以其视觉的方式引导观者视知觉想象的空间。

在这里有必要从公共艺术的公众参与性角度进行分析，由于公众大部分缺失审美实践，也不会拥有成熟的艺术思维和对艺术的独特创造力，所以在共同参与创作中，从艺术作品的主题、文化内涵及对社会问题的阐释都应给予公众合理的想象尺度，就像艺术家在进行艺术创作时所渴望的自由，虽然这种自由是相对的。同样在公共艺术的创作和观赏中，审美意境在公众内心就相当于艺术家追求的自由。康德认为艺术美要合目的性与合规律性，艺术家创作作品要有艺术性必须具备合目的性，这无疑让艺术家在创作作品时对艺术作品的美学意境进行观念的构思，通过艺术形象与艺术语言表达出来，其美学叙事与观众的视知觉交融共同作用于作品美学叙事之中。因此，在公共艺术的创作当中给予创作者自由空间的同时，更应考虑艺术作品给予公众想象空间的合理性，这无疑是公共艺术发展的另一向度——审美内涵规律的表征。

二、公共艺术审美内涵规律的表征

人们对于"美"始终保持着追问、反思，这种内在的追问想获得的正是何为"美的规律"，然而公共艺术相对于其他艺术形式而言更需要一种对"美"的审视和判断。虽然公共艺术也没有固定的风格和形式，但要考虑除去艺术作品本身所蕴含的审美规律，包括作品与空间的协调性、与社会政治的和谐性、与相关法令的统一性等。与此同时，公共艺术最根本的美学意蕴就是体现"美"，通过公共艺术独特的表现形式让观者产生"美"的共鸣。

正如马尔库塞曾给予马克思最"美"的评价："马克思'按照美的规律'将塑造对象说成是自由的人的实践的一个特征。这不是随便说说的，也不是言之无物的空洞说教。"❶ 公共艺术的创造本身就是一种人类"美"的劳动，因此，它要符合"美"的规律，构造公共艺术有秩序的"美"。

公共艺术要遵守"美的规律"进行艺术实践。马克思在人和动物的对比中曾说过，人"懂得按照任何一种尺度来进行生产"，这是自由的象征，清楚地说明人之所以在自然界中具有全部的统治力量，不仅是指人会超越动物，关键在于人能够战胜一切，并"懂得处处都把内在的尺度运用于对象"，也就是超越自然、超越人本身而进行的创造活动，这才是真正的"美"的问题。这里所说的尺度，在公共艺术的实践中就是一种吻合"美"的规律的秩序。虽然马克思所讲的"美的规律"不是我们通常所理解的艺术活动中对美的创造和审美规律，而是人类对自然的征服和创造，是对动物的超越，但这种超越是按照"美的规律"创造世界。

公共艺术本身就是一种实践活动，从经济学的角度来说是对劳动的哲学升华，劳动是实践的基础，是实践的基本形式，我们是按照积极的、有秩序的视觉形式进行公共艺术的实践劳动，还是按照消极的、混乱的视觉形式来进行，对艺术的实践者来说都是一种劳动，都是一种实践体验，都体现了对动物的超越，甚至都体现了艺术劳动的多样性。但是在公共艺术中，这种劳动是要以大众接受为价值实现的，是大众生活的一种传达媒介，没有必要和博物馆里的架上绘画一决高下。从公共艺术的实践进程来看，它的兴起来自美国罗斯福新政发起的 2500 余幅城市空间壁画，随之提出的"百分比艺术""公共建筑中的艺术""公共设备中的艺术"等。从这些实践活动中我们既看到了公共艺术的丰富性和不确定性，又发现了公共艺术这种实践活动的人类发展需求。这种实践活动不仅是艺术家自我意象体验的表达，更是大众自由且有意识的生命活动，也是人在改造对象世界中自身存在意义的探讨。

公共艺术的实践活动所表现的是一种艺术的创造，是从审美判断中获

---

❶ 马尔库塞. 现代文明与人的困境 [M]. 李小兵，译. 上海：上海三联书店有限公司，1989.

得"艺术上的实践"，有对自然的艺术改造，也有对现实的艺术加工。而这些必须符合自然本身的规律，也要实现自身的现实目的，这里包含着艺术的技术性的实践生产，也包含着艺术的自由创作。然而两者结合的实践活动，是按照"美的规律"来进行的，不是按照自然的规律和大众的审美规律来体验的，是人对公共艺术自身的要求和愿望的实践表达。公共艺术所承载的是一个社会群体的生命体验、情感需求和文化取向，是大众的审美理想。因此，按照吻合人类的"美的规律"来进行公共艺术的实践活动，无疑是公共艺术创作规律的最佳选择。公共艺术在艺术功能中担负着教化功能，其艺术作品的美学价值叙事方式与观众息息相关，不受经验理论与历时性的影响，因此，艺术家创作艺术作品不能违背大众普遍具有的价值观，观众的视知觉体验也需要对挪用后的艺术作品重新认识，不能借助先验理论，保持先验主体的纯粹性，符合其生活美的普遍规律。

按照"美的规律"进行的公共艺术实践实际上是自由个性存在的基础。但这里的自由不是随意和放纵，也不是为了追求差异而对公共艺术所贯彻的普遍性的一种解构。这里所说的"美"是个体在社会中实现的"美"，是公共艺术符合大众审美的"美"，是艺术家艺术创作的个性、独特性在公共艺术审美中实现的"美的规律"。马克思对人的自由和个性都十分重视，"自由个性是马克思用来表示人的个性发展的最高境界和人的发展的理想状态的概念。"❶ 这种个性不是公共艺术实践所追求的差别性，更不是与大众审美需要所对立的特异性，而是在占有普遍性的方式上具有一定的差异性存在。

公共艺术的产生看似是艺术类别的拓展，实际上是为原有的艺术审美知觉所寻求的一种新形式，也是在不自由的艺术中、缺乏自律的艺术中寻求一种合理的自由创作。这里要保留大众经验的合理愉悦感，把握揭示艺术普遍性的审美尺度，给予艺术家自由个性的创作空间。公共艺术创作按照"美的规律"体现出的自由个性是使人获得个人自由和个性自由的程度，同时在公共艺术的实践中实现人的自由和生成个性的过程，真正实现

---

❶ 马克思，恩格斯．论文学与艺术 ［M］．陆海林，辑注．北京：人民文学出版社，1982.

人的个性的全面性，使人自身得到全面的发展，复归艺术自身所蕴含的规律。

三、公共艺术自身蕴含人性的复归

我们在追寻"美"的讨论中，公共艺术所追求的更应该是"人性之美"。正如我国在改革开放后、市场经济的发展中，以及对西方公共艺术的效仿后，我国的公共艺术在"批判现实主义与复归人道主义"思潮中的诞生。但在近年来的发展中，出现了公共空间与城市文化、城市建设、城市定位等一系列的交集与矛盾；同时公共艺术当中最重要的公众参与不能得到完全的重视和保障。公共艺术的"公共性"所探讨的前提应该是对人的肯定和尊重，是对社会中每一个人的独立的个性、人格、文化、经济、政治和审美的尊重。审美的公共性正是体现了公共艺术的公共性本质。从艺术家本体出发，回归于艺术作品本身，抛开艺术创作技巧和艺术语言，让公共空间与观众相互介入作品，纯粹地去理解艺术作品，返璞归真，回归"人性之美"。

"公共性"的审美需求是公共艺术存在的重要方面。从马克思美学的理论出发，人在认识世界、改造世界的同时，也要用审美的视角建设新的世界。公共艺术是处于公共空间的公众参与性艺术，对其审美的要求不能仅仅按政策、制度，也不能仅仅按照艺术的规律和本质，而是要实现审美的认同，改进旧的审美关系，考虑审美的多元性，创建新的审美和谐。

每个人都有对"美"的需要，马克思在《1844 年经济学哲学手稿》中提出了该思想，伊格尔顿也在《审美意识形态》中做出过重要的论述："人的身体作为审美活动的物质基础的思想。"❶ 阐述了人的精神活动与社会物质活动之间的关系，人的身体、人的情感与人的审美活动之间的关系。然而公共艺术正应该是在公共空间内通过公众的参与来实现潜藏在艺术中的创造性、否定性、可能性、超越性，将人的潜能在公共艺术这一审美活动中充分地、自由地实现。虽然在马克思看来这种潜能的实现是虚幻

---

❶ 伊格尔顿. 审美意识形态 [M]. 王杰，傅德根，麦永雄，译. 桂林：广西师范大学出版社，2001.

的、想象性的、幻觉性的，但这可以满足人的审美需要，当然这就需要公共艺术来创造相应的审美对象来满足人的审美，来恢复人的自由、美的人性。公共艺术也是一种新的审美对象，对所有的人来说，它在公共空间所展现出的首先是一种审美的普遍性和经验性，其次才能是为个体的人提供不同的想象性和可能性。这其中人所得到的是一种审美经验的满足和自由想象的美的理性与感性的统一，最后更要实现对个体审美的多元性的满足空间，这种满足同时也是一种具有快感的美的理想体验，更是现在人们所追求的幸福理想的一种表现。因为公共艺术存在着艺术本身的社会政治作用和一定的审美形式功能，所以公共艺术更应该去捍卫符合人性需求的审美价值、艺术价值、精神价值。

"公共性"的审美评价成为公共艺术亟待解决的重大问题。康德在对艺术品的接受和分析中提出了"鉴赏判断的性质"这样一个特殊的问题，并指出，鉴赏是评判美的能力，"鉴赏判断并不是认识判断，因而不是逻辑上的，而是感性的、审美的"。❶ 从哲学的角度来看是认识论问题，但从艺术的角度来看这是超越了美的体验的经验论层面。艺术所创造出来的是与生活的物质状态不同的，它是将实存客体通过美的规律、材料的特性及人的自由想象与思想主题进行创造而展现，是一种对真实存在的否定、想象和超越。公共艺术在公共空间的呈现，显然不是一种形式上的再现，而是一种具有真实物质材料对象性的实存，人的审美价值的自然性正是体现在针对人的感官生理欲望，针对某些材料的物质属性等。所以在公共艺术领域，"公共性"的审美评价要思考的不只是人单纯的精神满足，同时要考虑人和存在、物质材料、艺术形式之间的审美评价。

从审美的价值中我们又将会看到审美的普遍性和特殊性。这其中审美的普遍性所体现的是一种超越式的审美，是一种审美理想。这一现象从艺术史的发展中、人们对经典艺术的认同中可以看出，所谓"经典"正是一种具有人类发展时代性的审美理想。公共艺术即是在公共空间呈现的公众参与的艺术，那么它首先应该遵从这种超越式的审美。当然这只是一个方面，因为审美还存在另一种非超越的审美价值，那就是强调审美的特殊

---

❶ 康德. 判断力批判（上）[M]. 宗白华，译. 北京：商务印书馆，2009.

性，当然这种特殊性不能过度强调，否则就进入了马克思对审美主体被异化带来的审美关系的异化中。而面对公共艺术语言的形式，马克思所倡导的审美理论就显得捉襟见肘了，其过于强调艺术作品的审美要按照经典普遍性来，而忽视了公共艺术的主观能动性，其本身对艺术作品的创作语言具有引导作用，只要其创作的手法符合先验艺术作品的构思观念，这种创作手法就可以被采用，并不一定要完全符合普遍经典审美理论。

这样，公共艺术就该探讨一个具有"公共性"的审美评价标准，这种标准正是把个体和社会联系起来的关键，不能完全取决于当下人类社会的发展，更要回顾过去与展望未来，从发展的观念上去形成判断审美价值的标准。也就是说，公共艺术首先具有树立当下主流审美价值观的意义，从以往经典的艺术中寻找超越式审美标准的呈现，并通过一定艺术材料、艺术创作的手段，体现出主流的审美价值标准。其次，由于公共艺术的开放性，也应在主流审美评价中保持自身的独特性，在公共艺术的传播中不断地进行调节，形成一种日趋完善的审美评价。当然这种保持独特性的审美，也要根据社会的需求、人的日常生活需要，并符合绝大多数人的审美发展。这样才能达到公共艺术的"公共性"审美评价，既不是一种高标准的审美理想，也不是少数人所谓的自由、欲望的满足，而是一个吻合社会发展、人类需求的多元性的审美评价。公共艺术的多元性还有一个方面值得指出，那就是对艺术空间的采用，一件艺术作品可以适用不同的展示环境，可以是一个空间的单独组合，也可以是多个空间的融合，其空间的场域性与公共作品能够建立空间关系，那么这件作品就是成功的。公共艺术在当代的发展当中，已经形成了一种内在的自觉，然而这种内在的自觉与我们当今的审美形式是一致的，我们已经将感性、理性和人性统合起来。

对于实现公共艺术的公共性，必须要解决公众参与性的公平与艺术作品对公众的选择问题，艺术家创作艺术作品的语言时，是对自然中物象的再编码。挪用与拼贴的使用让公共性问题再次面临质疑，这让公众审美性与艺术理解力在现实中寻求一个平衡支点，只有这样公共艺术作品才不会沦为一个形式上的"应景之作"，真正实现公共艺术的各项职能，复归人性的自由，推动社会的进程。

❀ 第三节　公共艺术空间精神探索

公共艺术空间是艺术家用特定艺术形式营造出的一种空间，它能够代表一座城市的文化思想潮流，体现出当代文化的进程。公共艺术空间精神由外部空间与内部空间二者共同作用，唤起公众对空间的认知，并使其了解公共艺术的精神所在。其中，外部空间是客观存在的、自然的、人文的空间，它是城市身份的一种外在标识，能够带来视觉冲击力。内部空间则是一种精神取向，能够体现出艺术家的情怀，并承载着城市的内在精神，更加注重观者的感知与反映。

一、公共艺术外部空间

公共艺术是指艺术家利用城市外在空间将艺术创意传递给公众，并将作品镶嵌在城市的公共空间里，以达到传递思想、美化城市的目的。所谓公共艺术的外部空间，就是公共艺术的外部造型，它是创作者思想与城市空间的有机结合。艺术家利用作品的外部空间对城市空间进行解读，同时构成艺术形式与公共空间的对话。

公共艺术外部空间是一种相对的空间概念，它是公共艺术赖以生存的前提，是公共艺术带给人们最为直观的感受。公共艺术既有静止的艺术形态，又有动态的表现形式，可分为绝对的空间表现与相对的空间表现。其中包括写实、抽象、具象、另类等不同艺术表现形式。公共艺术的创作形态与外界空间相辅相成，表现形式与外部空间紧密联系，艺术家利用城市的现有空间，创造出具有艺术内涵的人文空间。

公共艺术外部空间的艺术表现形式十分多样，无论是抽象的还是具象的，或是具象与抽象结合的表现形式，都能够带给公众直观的视觉冲击力。如来自美国芝加哥的《云门》（图 3-2），这件作品位于芝加哥著名的千禧公园内，是英国雕塑家安尼施·卡普尔的作品，其造型设计简约，灵感来自液态水印。整座雕塑由 168 块不锈钢板焊接而成，长 20 米，宽 13 米，高 10 米，拱底最高处距地面约 4 米，重 100 吨。这件作品以憨态可掬的造型吸引了众多游客，由于曲面的造型，很多人将其称为"豆荚"。除了造型外，这件作品的材质同样带给观众较强的视觉冲击力。这颗"银豆子"表面十分光滑，可以在表面看到被反射之后变形的城市轮廓。作品表面完全看不到任何接缝，过往路人除了惊叹精湛的工艺外，也被《云门》上反射出的变形的城市和自己所吸引。靠近《云门》，人们仿佛走进了另一个神奇的空间。站在《云门》中间，弯曲的"银豆子"表面使周围的影像变形、重叠，形成多个神奇的异形影像，如入奇幻之境。可以说每时每刻每分每秒，《云门》上面呈现的景致都是独一无二、转瞬即逝的。城市形态和千禧公园是《云门》生存及产生变化的客体，正是由于城市空间的变化，再加上作品独特的材质，给人们带来了视觉上丰富的变化和奇妙的艺术感受。从这个案例中可以看到，艺术家结合城市空间，利用富有想象力的造型、材质等手段，将直观的视觉冲击力传递给观众，使其从整体的外部空间上感受艺术的独特魅力和艺术家的精妙创意。

图 3-2　公共艺术作品《云门》

二、公共艺术内部空间

如果说公共艺术外部空间是直观地将艺术家的作品展现给公众，那么其内部空间则表达了艺术家对作品的深层次诠释，使作品通过外在表现形式，传递出内在的寓意。公共艺术内部空间蕴藏了艺术家创作的思想和对外部空间的表现。从某种角度来说，公共艺术内部空间的创作是艺术家借助外部空间的表现形式，传递自身对当今社会的理解、对城市文化的解读。简言之，公共艺术内部空间是一种精神性的空间。公共艺术内部空间引导着公众探寻艺术家的内心世界，从而感受一座城市的精神内涵，它能够体现出城市的精神风貌和文化底蕴，并提升公众的艺术品位和审美水平。

如深圳的园岭社区有一组占地面积不大的公共艺术作品，名为《深圳人的一天》，如图 3-3 所示。这件作品历经 17 年的风风雨雨，表面看来只是一组普通的雕塑作品，然而它却影响了中国公共艺术的发展，是一件具有里程碑式意义的公共艺术作品。这件作品的创作思路来源于一个平民化的构想，设计师和雕塑家在 20 世纪末的深圳随机选择了一天，并在路上随机选择了他们认为最具代表性的 18 个行业或领域的人，包括教师、外来求职者、工人、中学生、公司职员、退休干部、企业家、设计师等。这些模特并没有按照传统典型化的方式挑选，而是遵循陌生化和随机化的原则。在没有任何预设的情况下，创作者从园岭社区出发，只要遇到愿意合作的人就可以邀请其成为模特。这一特殊创作方式，开启了公众参与艺术创作的先河。这些随机参与的市民，无意中走进了这座城市的历史，《深圳人的一天》可以说是 20 世纪深圳市民生活的纪念碑。设计师和雕塑家除了将模特翻制成一比一大小的青铜像之外，还以一比一的尺度制作出与他们身份相关的各种道具，如清洁车、自行车、电话亭等。在这组群雕中，还有 4 块镜面一样的黑色磨光花岗岩浮雕墙，上面复制了 1999 年 11 月 29 日这天的城市生活资料，包括城市基本统计数据、报纸版面、天气预报、空气质量报告、股市行情等。这些信息跟 18 位市民一样，被永远铭刻在城市的记忆中。

图 3-3 公共艺术作品《深圳人的一天》局部

当人们走进艺术家内心，认真聆听和感受创作者的内心世界，并探索创作背后的故事时，才能真正解读出公共艺术的精神。在《深圳人的一天》中，雕塑技术已经显得不那么重要，重要的是作品的创意与过程。老百姓的生活在大多时候是平凡的，而这件作品打破了传统的纪念碑雕塑的模式，让平凡人和普通事件成为纪念碑的主角，让大众真正成为公共艺术的主人。艺术家用这样的方式向市民展现了深圳这座城市的精神内涵。在这个案例中，我们可以领略到公共艺术所传递的精神力量。公共艺术内部空间通过外在形象，传递文化内涵，使作品既具有外在的视觉冲击力，又能够使人产生心灵的碰撞，外在与内在相辅相成，共同构成对公共艺术空间精神的完美诠释。公共艺术内部空间的精神表达需要一个被公众理解的过程，其中最重要的是沟通。只有了解了公共艺术内部空间，才能真正体会一件作品存在的价值。艺术家创作时的思想、理念，以及希望通过作品传达的精神，是由公共艺术的外部空间与内部空间共同演绎的。

三、公共艺术空间精神的探索

公共艺术的外部空间与内部空间在创作过程中相辅相成，共同诠释出艺术家对公共艺术空间的精神性表达。

公共艺术空间精神不仅塑造一座城市的文化景观，而且表现城市的精神文明和风土人情，展现出城市对艺术的理解与热爱。公共艺术空间精神是艺术家对公众的心理引导，通过公共艺术的外部空间与内部空间的完美结合，为公众展示艺术的审美趋势和城市文明。公共艺术空间精神不局限于公共艺术本体，更在于其与城市空间相融合所产生的一种气息、一种精神。如果外部空间与内部空间在精神性上与城市精神趋于合一，那么其空间精神的意义也就在其中了。

第四章　公共艺术的形态
划分与设计创作

❋ 第一节　公共艺术设计程序

公共艺术设计创作程序主要包括以下几个环节。

一、设计调研与分析

1. 景观环境分析

公共艺术景观没有固定的格式，只是针对具体的地域空间、具体的城市景观环境来设计。具体地说，只有当你了解具体地域的历史文化、政治、经济背景和城市景观大环境等整体情况以后，才能根据公共艺术设置的位置进行分析整理、综合研究，最终给出一个正确的设计定位。因为地域间的人文历史文化、民族文化、城市个性、建筑风格、景观环境等都不相同，设计元素也不同，使得公共艺术形式、形态也各异。换言之，是要针对具体的地域空间、具体的城市景观环境来设计和创意。只有在你了解了具体城市的历史文化、政治经济、景观环境等整体背景的基础上，才能设计出与该城市公共空间相吻合的公共艺术景观，使公共艺术景观具有艺术特质，这也是公共艺术景观创作的魅力所在。

2. 平面与功能分析

公共艺术作为环境功能机制的一部分，它有一定的功能性。它在人文精神、审美效应上与环境整体相协调，并有着独立的观赏价值，是人们精神与心理安慰的调节剂，起到审美教育的作用。

公共艺术作为地域历史文化的延续及精神文化传承的载体，与当代的时尚追求、精神生活、经济发展紧密相连，成为视觉焦点和时代的象征意义，具有标志性、识别性和展示社会面貌、地城形象的功能。公共艺术有时可能是无标题的构筑，仅作为场所中的空间媒介，人们参与其中得到放松、学习、沟通、互动等各种生活体验，在完成空间对话的同时，还有一定的艺术价值。因此，公共艺术设计要根据功能分析定位，同时对于平面布局应科学合理，对空间尺度、材料色彩等要素均要作详细考虑。

二、设计定位

每一个地区都会有丰富的设计元素，主要包括历史文化、民族文化、城市个性、建筑风格等，都可以从中找到一些有用的设计元素。然而，艺术设计并不是元素的简单罗列和相加，而是通过艺术家对这些元素的再创造，形成一个新的符合当地地域文化并与周边景观环境相融合的具有时代特征的审美形态。

设计定位要体现出三个方面。

1. 适应性

公共艺术是依赖于环境而存在的审美形态，必然要在诸多方面与整体环境相适应。具体地讲要与景观环境使用功能相适应，要与建筑及景观环境风格相适应，要与地域文化、意识形态相适应，也要与区域的历史、文化与地理文脉相吻合，使其成为真正具有地域特征的公共艺术。

2. 注重形式

艺术创作往往是内容决定形式，形式为内容服务。然而现代公共艺术则是把形式放在首位，努力让作品与景观环境在功能、形态、尺度等方面相适应，并追求唯美的造型形态。

3. 强调共性

公共艺术是大众的艺术，所以比较推崇雅俗共赏的大众艺术。公共艺术在形式、题材内容上要迎合公众的趣味，力求使公众在通俗有趣、生活化的审美环境里享受到公共艺术的艺术魅力。因此，极端个性化或属于艺术探讨性的作品从严格意义上讲不属于公共艺术，这也是公共艺术设计的大忌。

三、方案初步形成

设计者要对整个项目进行规划，提出在哪些位置适合什么样的公共艺术，公共艺术的数量、规模、内涵等信息；对提炼出来的主题思想进行形象化，对作品的位置、尺寸、颜色、材料、氛围等有初步的表现，用草图、小稿、展板、PPT 等方式的演示方案，同时包括成本估算等信息向甲方汇报。同时可以在一个方向内再设计几个类似的方案供甲方参考，确保设计的成功率。

针对放置环境的预想效果作深入研究，使公共艺术作品设计通过这一阶段的反复推敲，基本形成初步方案。方案制定时首先考虑公共艺术形态与环境的协调关系；其次是把预想效果做得尽可能与将来实际公共艺术景观一致，使艺术家的创意思想得到有效传递。方案的制订一般经过以下四个阶段。

（1）环境分析：在设计要求明确的前提下，综合考虑作品的创作方向和意义、空间、造型、环境、地域文化习俗、材料等问题，为创作进行提前准备。

（2）立意创作：在环境分析的基础上进行艺术创作。这一阶段既要对造型的审美价值作出判断，又要考量地方文化内涵，通过深入推敲、研究、分析和综合，达到创作方案的完善，并初步考虑其结构布置和工程概算。

（3）图面表达：在确立创作方案后，为满足后期施工要求而提供方案、结构、尺寸、色彩、造型（涉及声、光、雾、水、动态等的造型）、设备、专业的全套图纸，并编制工程说明、结构决算书及预算书。

（4）展示说明：对环境分析、立意创作、图纸表达三阶段的整理和总结，是艺术家向社会展示其创作思路和成果的方式，集中表现在所创作的初步文本、展板及模型中，一些特殊和比较复杂的项目，艺术家通常也会选择多媒体的形式来阐述其方案的创作过程。

每个阶段都是对前一个阶段工作的总结和深化，方案的好坏直接影响到成品的优劣，其重要性使得艺术家在方案确定前往往需要经过多方案选择、比较及反复推敲、修改才能最后定案。

制定方案时，除了考虑作品的形态外，还要考虑作品内部的结构问题，尽管公共艺术没有类似建筑设计的施工结构图的行业标准，但基础承重、内部受力、外部抗压抗风潮湿等也是需要充分考虑的因素。

对设计师来说，除了要有专业的知识和创造能力、审美能力外，还要具备一定的表达能力，将自己的设计设想真正通过某种具体形式表达和展示给大家，从而得到大家的认可。设计者经过反复的设计创作，应用规范的表达方式展示出自己真实的设计构想。

在此设计课程开设之前，画法几何、阴影透视、表现技法等课程是设计表达的基础知识，模型制作课程的内容是教会大家使用工具并按照比例制作实物。

图纸表现主要包括平面、立面、剖面及详图、效果图，这是在设计方案已经确定的情况下，再利用图纸的规范表现方法呈现作品意图。计算机辅助设计在制图效果上，可以通过 AutoCAD、3DMAX、Photoshop 等软件协助设计，表达效果清晰准确。

同时，计算机辅助工业设计（CAID）在操作系统的支持下，更关注人的因素，建立人与机器的互动模式，可以进行设计领域的各类创造性活动，因此它在设计方法、设计过程、设计质量和效率等方面都比以往设计工作有了更大的技术进步。

第二节　公共空间雕塑设计

一、公共雕塑的作用和形式特征

公共空间中的雕塑在城市文化中占有很重要的地位，成为人类生活中的一种精神需求。生活在城市的人们会对城市中的雕塑产生情感、欲望、决心以至行动，这也是城市雕塑建立的初衷。虽然城市雕塑受到地域文化的制约，但也正是这样的制约才形成富有个性化的城市雕塑。城市公共空间中的雕塑是城市的名片。在世界发展史中，城市公共空间中的雕塑往往是随着城市地位的提升而越来越受到重视，并逐步渗透到市民的生活中。

城市公共空间中的雕塑作为公共艺术的组成部分，是城市中显著的一部分，它如同凝固的音乐、历史的丰碑、文明的窗口，除了要与城市总体格调和环境相适应，体现城市历史文脉、个性化的城市文化特色和丰富的自然生态背景外，还要引入艺术创作新概念，大胆创新，从而体现富有时代特征的品格。

另外，立于城市公共场所中的雕塑作品在高楼林立、道路纵横的城市中，起到缓解因建筑物集中而给人的拥挤、局促、呆板和单一的印象，有时也可在空旷的场地上起到平衡视觉感受的作用。雕塑主要用于城市的装饰和美化，它的出现使城市的景观增加，丰富了城市居民的精神享受。因此，城市雕塑的建立是非常严肃和慎重的，一般需要由行政部门（如市政厅或国家相关政府机构）下令，由其下属的美术或雕塑组织具体负责筹划、实施，通过招标，或专门邀请某位或某几位雕塑家进行创作完成。作为城市的组成部分，城市雕塑一般建立在城市的公共场所，如道路、桥梁、广场、车站、码头、戏院、公园、绿地、政府机关等处，它既可以单独存在，又可以与建筑物结合在一起。后者一般是作为建筑物的一部分，如高楼、厅堂等公共建筑上的浮雕装饰，和立于街心或广场上的纪念碑等，因此又需要和建筑师合作完成。城市雕塑的题材范围较广，与该城市的地理特征、历史沿革、民间传说、风俗习惯、文化艺术、各行各业的杰出人物等有关联者皆可创作并建立，有的甚至与此无关者，但能起到美化城市，给人以审美价值者也可以采用。优秀的城市雕塑可以被人们视为该城市的市标。

城市雕塑在形式上有圆雕、浮雕，或独立一处，或附属于建筑物，或置于大庭广众之中，或隐于林荫小路之上。在材料上有石雕、水泥、铜雕及其他金属材料。城市雕塑一般都形体高大，气势恢宏，具有纪念意义，但亦有点缀场景、形体较小者。前者多建在广场、车站、政府机关等重要的公共场所，后者多散置于公园、公共绿地、林荫道等处。

二、公共雕塑作品的创作设计

(一) 标志性的公共雕塑作品的创作设计解析

标志性的公共雕塑作品具有说明性的功能，树立和展现城市的形象，无论是含蓄隽永的，还是寓意深远的，只要是形象优美、鲜明易懂、雅俗共赏的，都成为城市公共艺术中的重要组成部分。

每个时代都有其独特的历史文化特征，每个城市都有其自身的文化与历史背景，标志性公共雕塑则要以其塑造的内容和形式，展现其所在城市及所在环境的特征。并且，它是与当时的经济、文化、宗教、军事及人们的精神追求分不开的。因为在不同的时代，艺术的演变与成就是不一样的，而且艺术也是时代演变的产物。标志性的雕塑则是以其独特的艺术形式，展现了不同时代的风貌与格调。

1. 《五羊》

《五羊》属于花岗岩雕塑，设计者分别是尹积昌、陈本宗、孔凡伟。这件雕塑是一组动物群雕，高8米，位于广州市越秀公园。雕塑来源于广州的传说。作品构图紧凑，动物姿态挺拔，轮廓影像鲜明，早已成为广州市的城市标志，《五羊》如图4-1所示。

2. 《南山海上观音》

海南三亚特殊的地理位置使之成为中国的一大旅游胜地，《南山海上观音》是诸多名胜中唯一的公共艺术作品。《南山海上观音》（图4-2）位于海南三亚南山

图4-1 花岗岩雕塑——《五羊》

边，高108米，底部的金刚石座在海里砌成，投资33亿建造。据佛教经典记载，救苦救难的观音菩萨为了救渡芸芸众生，发了十二大愿，其中第二愿就是"常居南海愿"。在《西游记》中，孙悟空向来喜欢到此地求援，观音大士也每次都会解囊相助。观音圣像总体表示观音"大慈与一切众生

乐，大悲拔一切众生苦"的大慈大悲形象，是
"慈悲""智慧"与"和平"的精神象征。这尊巨
大的观音像分成三面，正面观音手持经箧，右面观
音手持莲花，左面观音手持念珠，依次象征智慧、
平安、仁慈。每一尊法相蕴涵一种大智能及感应功
能，能增福添慧、保佑平安。

3.《五月的风》

《五月的风》（图4-3）是青岛市五四广场的
标志性雕塑，高30米，直径27米，重达500余
吨，设计者是黄震。它是我国目前最大的钢质公共
雕塑。该雕塑以青岛作为"五四运动"的起源地
这一主题充分展示了岛城的历史足迹，饱含了催人

图4-2　海南三亚
《南山海上观音》

奋进的浓厚意蕴。雕塑取材于钢板，并辅以火红色的外层喷涂，其造型采
用螺旋向上的钢板结构组合，以洗练的手法、简洁的线条和厚重的质感，
表现出腾空而起的"劲风"形象，给人以"力"的震撼。雕塑整体与浩瀚
的大海和典雅的园林融为一体，成为五四广场的灵魂。

图4-3　青岛五四广场主题雕塑——《五月的风》

4.《狮身人面像》

《狮身人面像》（图4-4）在大约公元前2530年诞生，高20米，长57
米，古埃及时被古希腊人称为"斯芬克司"的奇异怪兽，位于古埃及开罗
附近尼罗河西岸的沙漠台地上，面向东方，守卫在三座大金字塔前。其头

部雕成古埃及第四王朝第四个国王卡夫拉的头像，身子则是呈坐卧姿态的狮子形象。头的后脑刻着一只象征神的威严的鹰的形象，脸部约有 5 米长，仅头上的一只耳朵也有 2 米左右长。为什么把国王刻成一个神怪形象呢？埃及人的神话中尊奉"鹰"和"狮子"，他们把"鹰"视为最高的神兽，称为"荷拉斯"，即"太阳神"；"狮子"则是战神萨克米的象征物。埃及国王相信雕像能代替死者生前的一切，灵魂将永存雕像中。作品高度概括的形体处理和惊人的尺度增强了艺术魅力。

5.《自由女神像》

《自由女神像》（图 4-5）总高 93 米，设计者是法国的费雷德里克·巴托尔迪，立于纽约港口贝德罗岛。雕塑特定的文化和时代背景，即美国独立战争的胜利，使自由女神成为美国的标志。《自由女神像》重 45 万磅，高 46 米，底座高 45 米，整座铜像以 120 吨钢铁为骨架，80 吨铜片为外皮，30 万只铆钉装配固定在支架上，总重量达 225 吨。自由女神穿着古希腊风格服装，头戴光芒四射冠冕，七道尖芒象征七大洲。右手高举象征自由的火炬，左手捧着《独立宣言》；脚下是打碎的手铐、脚镣和锁链，象征着挣脱暴政的约束和自由。《自由女神像》以法国巴黎卢森堡公园的自由女神像作蓝本，法国著名雕塑家巴托尔迪历时 10 年艰辛完成了雕像的雕塑工作，女神的外貌设计来源于雕塑家的母亲，而女神高举火炬的右手则来源于雕塑家妻子的手臂。

图 4-4 《狮身人面像》　　　　　图 4-5 《自由女神》雕塑

6. 《工人和女庄员》

《工人和女庄员》是不锈钢材料的，高 24.30 米，是苏联人维拉·莫希娜于 1937 年创作的，如图 4-6 所示。

1937 年，巴黎国际展览会苏联馆的顶部出现了两个高举镰刀、锤头的巨人。这就是建筑师约凡在设计苏联馆时提出构思，后被女雕塑家维拉·莫希娜天才地加以实现的雕塑。从侧面看，雕塑加强了建筑的水平动感；从正面看，雕塑发展了建筑向上飞升的垂直线条。雕塑刻画的充满信心、健步前进的青年男女显示了当年苏联迅速崛起的生命力。雕塑采用了不锈钢片锻造成型的工艺，保证了巨人雕塑银光闪闪的效果。这件作品被公认为苏联雕塑史上的经典之作。

图 4-6 《工人和女庄员》

（二）纪念性雕塑作品的创作设计解析

纪念性雕塑是公共雕塑的骨干和代表，是各个国度、不同时代不可或缺的，是历史的化身和体现。纪念性雕塑旨在表彰和讴歌那些在历史上对国家和民族做出重大贡献和业绩的人物，铭刻和纪念那些在历史上有重大影响的事件或某种共同的观念。

我国的纪念性雕塑不晚于先秦。现存传统大型纪念碑雕塑如西汉霍去病墓前的石雕群、东汉李冰像石雕等，这些雕塑从内涵上表达了当时的统治阶层的观念和思想，渗透着时代的气息和脉搏。

纪念性雕塑往往占据着重要的位置，比如城市中最主要的广场或与预备纪念的对象有关的地方，而且其所在位置还要有进行纪念性公众活动的足够空间。户外纪念性雕塑本身就具有庄严的碑体意识，一般情况下还会与碑体搭配。

在20世纪后半叶，就公共艺术而言，一个崭新的时代出现了，大型的公共空间艺术替代了以往的纪念碑。在欧洲，随着艺术从国家权力的庇护和教会的控制中解脱出来，失去了其在公共环境中的历史角色和纪念性的影响力，征服感和崇拜感不再是艺术家的唯一追求，轻松、大众喜闻乐见的公共作品应运而生。总之，纪念性是城市雕塑传播文化的一个重要方式，通过对历史事件、人物的刻画与表现，重现了当时的历史英雄人物及时代精神。

1. 《马踏匈奴》

西汉时期的中国雕塑艺术成就突出表现在大型纪念性石刻和园林的装饰性雕刻上，其中汉朝骠骑将军霍去病墓石刻就是留存至今的一组非常具有代表性的大型石雕作品。《马踏匈奴》如图4-7所示。

图4-7　《马踏匈奴》

现存霍去病墓石刻共有14件，均以花岗岩雕成，以动物形象为主，烘托出霍去病生前战斗生涯的艰苦。这些作品以其简洁的造型、粗犷的风格、宏大的气势寄托了对英雄的歌颂和哀思，也反映了正处于上升时期的汉朝统治阶级生机勃勃的精神面貌。霍去病墓的石刻群雕，是中国古代雕塑艺术发展史上的一座里程碑，对后世陵墓雕刻的艺术风格产生了极其深远的影响，是中国古代大型纪念碑雕刻的典范之作。

《马踏匈奴》是整个群雕作品的主体，同时也是这组雕塑所讴歌的主题。雕塑中，作者运用了寓意的手法，用一匹气宇轩昂、傲然屹立的战马来象征这位年轻的将军。它高大、雄健，以胜利者的姿态伫立着，有一种神圣不可侵犯的气势；而另一个象征匈奴的手持弓箭的武士则仰面朝天，被无情地踏在脚下，显得那样渺小、丑陋，蜷缩着身体进行垂死挣扎。

整个作品风格庄重、雄劲，深沉、浑厚，寓意深刻，耐人寻味，既是古代战场的缩影，也是霍去病赫赫战功的象征。雕塑的外轮廓准确、有力，形象生动而传神，刀法朴实、明快，具有丰富的表现力和高度的艺术概括力，是我国陵墓雕刻作品的典范之作。

2.《拉什莫尔国家纪念碑》

《拉什莫尔国家纪念碑》，头高 18 米，建于 1927—1941 年。它是由美国南达科他州的设计者加特森·博格勒姆设计的。《拉什莫尔国家纪念碑》如图 4-8 所示。

图 4-8 《拉什莫尔国家纪念碑》

这个纪念碑是为了纪念美国历史上做出巨大贡献的四位总统——乔治·华盛顿、托马斯·森弗逊、亚伯拉罕·林肯、西奥尔多·罗斯福，雕塑家加特森·博格勒姆和他的儿子及助手们开始了这一宏伟作品的创作。大景观、大手笔的创作构思显现出设计者英雄般的热情和伟大的胸怀，原设计雕刻全身像，后因作者逝世而停止。后人在对四位总统崇敬的同时，也在仰视雕塑家——加特森·博格勒姆。

3.《祖国—母亲》

《祖国—母亲》是一座不锈钢雕像，高102米，由叶·符切基奇、华·包洛达伊设计完成，如图4-9所示。

这是纪念乌克兰卫国战争的大型纪念性综合体主题雕像，是苏联最后一件以雕像为主体的大型综合体，也是结合自然环境艺术处理最成功的作品，建在风景如画的基辅市郊。该作品总体布局严谨周密，场面宏大，调动了雕塑、建筑、园林、音乐、绘画、文物陈列、电影幻灯、火炬灯光、水景灯光等多种艺术手段，围绕同一

图4-9 《祖国—母亲》

主题，各自发挥独特的形象语言，组成层层展开的序列空间，从视觉和听觉多角度强化渲染，全方位地交织影响着观者的各种感官，达到了以雕塑为主体的大型艺术综合体纪念性的教化作用。

（三）主题性雕塑作品的创作设计解析

主题性雕塑主要反映历史和时代的潮流、人民的理想和愿望，它们往往以形象的语言，用象征和寓意的手法揭示出某个特定环境和建筑物的主题。它们也有很丰富的思想内涵、比较大的体量，也需要在所处的空间环境中占据显要的甚至主导的位置，发挥统率和聚焦的作用。

这种在室外布置雕塑的方法与一般城市雕塑所要求的原则不同，它是把各类雕塑作品如同展览陈设那样布置起来，让公众集中观赏多种多样的优秀雕塑作品。也有的是把一位作者的多件作品，围绕一个专题，经严格的总体设计布置构成。主题性雕塑顾名思义，它是对某个特定地点、环境或建筑的主题说明，它必须与这些环境有机地结合起来，并点明主题，甚至升华主题，使观众明显地感受到这一环境的特性。它可具有纪念、教育、美化、说明等意义。主题性雕塑揭示了城市建筑和建筑环境的主题。在敦煌市有一座主题性雕塑《反弹琵琶》，取材于敦煌壁画反弹琵琶伎乐飞天像，展示了古时"丝绸之路"特有的风采和神韵，也显示了该城市拥有世界闻名的莫高窟名胜的特色。这一类雕塑紧扣城市的环境和历史，可以看到一座城市的历史、精神、个性和追求。

1. 《女娲补天》

《女娲补天》是用花岗岩制成的，高4米，它是由著名雕塑家田金铎创作而成的，如图4-10所示。

这件作品设置在抚顺市的将军桥头，与另外三件作品共同构成横跨浑河的将军桥头雕塑群。作品以中国神话为题材，反映了人与自然的相互关系，属于象征性的作品。考虑到石材的特征，构图保持了团块状，强调了作品的力度。

2. 《母与子》

雕塑作品《母与子》是一件铜制雕像。从这件作品所反映的主题不难看出，作者在着力刻画母子三人行进过程中各自流露出的瞬间表情与动作。尽管主人公的少数民族农民打扮与都市的喧嚣形成强烈的对比，却给纷乱的环境带来一缕清风，如图4-11所示。

图4-10 《女娲补天》　　　　　　图4-11 《母与子》

3. 《思想者》

《思想者》（图4-12）是法国雕塑家奥古斯特·罗丹创作的雕塑，该模型在罗丹的指导下制作了多个雕塑，青铜放大像的高度为198厘米；1880年制作石膏模型高度为68.5厘米，现藏巴黎罗丹美术馆。《思想者》塑造了一个强有力的劳动男子沉浸在极度痛苦中的姿态。这件作品将深刻的精神内涵与完整的人物塑造融于一体，体现了罗丹雕塑艺术的基本特征。《思想者》是罗丹整体作品体系中的典范，也是对他充满神奇的艺术实践的体现和反映，更是对他所建构并整合人类艺术思想——罗丹艺术思想体系的见证。

罗丹是19世纪法国著名的雕塑家。他的作品不仅在艺术精神上继承了雕塑的传统内涵，而且发展了雕塑的新观念和新形式。特别是在对雕塑深入表现人的精神世界与思想内涵，刻画人物形象的内在品格与个性特征方面，具有里程碑的作用。

图4-12　《思想者》

（四）园林中的雕塑作品的创作设计解析

园林景观作为人类文化艺术的空间载体和表现形式，对人类社会文明产生了巨大的影响。它不仅是人类的生存环境，也是人与自然和谐共处的

生活方式。园林景观是艺术与美的集中展示的结合，该藏品有多种艺术形式，其中雕塑作为园林景观的重要艺术元素和审美源泉，发挥着不可或缺的重要作用。园林雕塑已成为公园中常见的景观。通过园林雕塑的引入，街头公园和各类公园变得更加生动有趣。

1.《四河喷泉》

四河喷泉是贝尔尼尼为罗马教皇英诺森十世的宫殿设计的喷水池，位于意大利罗马纳沃纳广场，如图 4-13 所示。"四河"指人类征服的四条大河：多瑙河（Danube）、恒河（Ganges）、尼罗河（Nile）、拉普拉塔河—巴拉那河（Rio de la Plata），同时这四条河流又代表了人类文明的四块大陆：多瑙河表示欧洲，恒河表示亚洲，尼罗河表示非洲，拉普拉塔河—巴拉那河表示美洲。在这里，作者用四个大理石人体雕像象征了四条河流，中间是假山和一个埃及式的方形花岗岩尖塔，象征了天主教在全世界的胜利。雕塑的下方环绕着巨大的水池，水池中央用石灰岩堆砌成假山，喷泉的出口都设置在其中。在假山上，四个老人朝向四个方向坐成不同的姿态。四个巨人像是随便坐在假山上，神态自然，水柱从各个假山缝隙和泉眼中不规则地流出，有的急剧，有的舒缓，在日光照射下，色彩璀璨夺目，使整个喷泉显得活泼而富有情趣。

图 4-13　《四河喷泉》局部

2. 《国王与王后》

《国王与王后》是享誉世界的英国著名雕塑家亨利·摩尔创作的雕塑作品，也是他在 20 世纪 50 年代初在艺术风格上的一件试验性作品，如图 4-14 所示。《国王与王后》表现了并排端坐状态下的国王与王后的雕像。国王的姿态比起王后显得较为从容和自信，而王后则更为端庄。二者头部都有一个镂空的孔洞，雕塑的面孔十分怪诞，似人非人，像面具一般，符号化的身体薄且长，呈扁叶状。

这个雕塑作品使用青铜作为主要材质，构思比较奇特，说明人类的温良和原始皇权观念之间的对比关系。整个作品简洁概括，没有过多的细部刻画，将可辨认的人物形象和人物本身感兴趣的形式结合在一起，在雕塑形体上采用线、孔洞及作者偏爱的骨形元素来探索新的空间。亨利·摩尔的《国王与王后》是现代雕塑的典范，表达了对生命的思考。

图 4-14　《国王与王后》

3. 《河流》

《河流》是阿里斯蒂德·马约尔的力作，是他用女人的身体来比喻大自然的一系列雕塑作品之一，如图 4-15 所示。作品把女性人体的浑厚雄健、充满活力表现得淋漓尽致，其力度之强劲，可以说是前所未有。马约尔是一位善于刻画女性美的艺术家，《河流》是他用女人体来比喻大自然的一系列雕塑作品之一。

作品中的女人侧卧着，双腿一前一后自然地弯曲着，右手微微向上，脖子与头几乎成一条直线向下垂着，神情欢乐而陶醉。她乳房丰满、腹部结实、大腿粗壮、头发浓密，是一个似有着无限繁衍能力的大地之母的形象，像一条奔腾不息的河流，充满了健康的美感。

这件雕塑作品被放置在户外，人们在欣赏它的时候，可以最大限度地将雕塑融于自然之中，并充分展开联想，挖掘出作品更深层次的美。该雕塑充分展现了裸体所具有的无限魅力，人体被赋予如此丰富和广阔的含义，象征了人的精神世界和充满生命的活的自然。

图 4-15 《河流》

(五) 建筑化雕塑作品的创作设计解析

在艺术世界中，建筑绝不是无足轻重的一员。高大建筑矗立在城市和乡村中，使人每天都看到它，这是一种不可拒绝的艺术。尤其值得一提的是，不少博物馆、艺术馆建筑本身就是杰出的艺术品，具有雕塑的美学价值，成为城市重要的环境艺术。

建筑与雕塑好似一对孪生兄弟，因为建筑艺术与雕塑艺术都引导人们用视觉与身心欣赏、体会形态与空间，只是它们在功能上各有侧重。在传统建筑环境中的雕塑艺术，往往作为装饰附着在建筑表面，以烘托环境气氛，点缀建筑环境。而新建筑的形式，改变了雕塑的存在形式，使之融入整体环境，成为结构化的新形态建筑，不再是一个孤立的空间环境，它成为融诸种艺术形式于一体的综合艺术空间。雕塑则成为这个环境中有机的组成部分而不可分割，有时甚至难以区分建筑与雕塑的具体差别。现代建筑与雕塑之间的有机结合，雕塑语言已经成为建筑构造中最直接的表达手段。

1. 国家大剧院

国家大剧院是由法国建筑师保罗·安德鲁主持设计，设计方为法国巴黎机场公司，如图4-16所示。国家大剧院的屋面呈半椭圆形，由具有柔和色调和光泽的钛金属覆盖，前后两侧有两个类似三角形的玻璃幕墙切面，整个建筑漂浮于人造水面之上，行人需从一条80米长的水下通道进入演出大厅。大剧院造型新颖前卫，构思独特，是传统与现代、浪漫与现实的结合。庞大的椭圆外形在长安街上显得像个"天外来客"，与周遭环境形成的冲突令它十分抢眼。这座"城市中的剧院、剧院中的城市"以一颗献给新世纪的超越想象的"湖中明珠"的奇异姿态出现。

图 4-16　国家大剧院

2. 玻璃金字塔

贝聿铭设计建造了玻璃金字塔（图4-17），他在设计中并没有借用古埃及的金字塔造型，而是普通的几何形态，用了玻璃材料，金字塔不仅表面积小，可以反映巴黎不断变化的天空，还能为地下设施提供良好的采光，创造性地解决了把古老宫殿改造成现代化美术馆的一系列难题。

加入现代气息浓厚的玻璃金字塔，让卢浮宫这座八个多世纪的古老巴洛克式宫殿迎来复兴，也成就了贝聿铭一生最大的荣耀。贝聿铭在古典主义建筑中融入自己一贯提倡的现代主义设计，也为建筑界提出了一个新的命题。通体透明的玻璃金字塔，既能为馆内提供宝贵的光线，也能够反射周围的老建筑，让它们互相呼应。而且，这个简单的几何图形不仅不会显得突兀，反而可以衬托卢浮宫的庄重与威严，它还能与凯旋门及协和广场的方尖碑连成一体，为巴黎的中轴线锦上添花。

图4-17　玻璃金字塔

⚛ 第三节　公共空间壁画设计

人们对于艺术的要求，是源于物质生活发展的水平和基础。公共壁画使人们在新的认识下反思人的生存与环境、自然的关系。人们对于生活环境质量的要求越来越高，希望重新建构人类的人文环境和生存空间，因此，公共环境艺术就被推到了一个重要的位置上来加以考虑。

一、公共壁画的作用

（一）壁画与自然环境

自然环境，包括山川、水源、植被等，在经过人们的构思、处理后，能够达到一种艺术化的效果，具有一种特殊的人文意境。

自然环境壁画艺术，是在一定的范围内，利用并改造自然面貌或者人为地开辟和美化地形面貌，同时结合植物栽植或艺术形态的加工，从而构筑出一个别出心裁的人工自然环境供人们欣赏。因为公共壁画是一门新兴的环境综合性科学，所以人类在利用艺术的手段创造和美化自然环境时，就需要将艺术与环境巧妙结合。美国的贝弗里·佩珀就是一个善于改变大自然面貌的环境艺术家，他喜欢用混凝土筑造出多种形状的作品。

（二）壁画与广场环境

广场环境艺术，是一个传统的市政规划项目。人们对它的艺术感受，随着人们的位置移动而产生的丰富的场景变化而变化；视觉上的反应，也随着周围环境景观形象的变化而变化。广场的环境设计被公众所感受到的，应该是一种有韵律的、生动的、富有新意的、具有独特生活气息的艺术创造。因此，壁画作为广场上的公共艺术无疑更加引人关注并成为广场文化精神的重要载体和公众视觉的焦点。随着当今新的技术、材料及观念在壁画设计中的运用，壁画一度成为广场公共艺术建设中的热点，成为塑造城市形象、展示城市历史文化、装饰广场空间及陶冶市民艺术情操的重要手段。

如深圳市东门广场的铜塑壁画《老东门墟市图》，位于广场西侧，艺术家利用近50平方米的艺术浮雕墙体，描绘了老东门的百年变迁，生动再现了老东门墟鱼行、布行、金行和百货小吃等多个行业，纵横交错的商业街，被誉为"东门清明上河图"，展现众生百态，世俗风韵，商贾行状，这些都是深圳的历史中值得被记住的点点滴滴。这种壁画在题材与形式表达上都充分体现了地方特色，成为广场的亮点，同时也提升了广场的文化品格。要使城市广场成为人气旺盛的空间，成为一个真正让艺术影响环境的空间，现代壁画是重要手段之一，它对城市空间的美化、城市空间的升华起着不可替代的作用。

（三）壁画与园林环境

园林环境艺术在当代艺术概念上主要指，在一定的地区和范围内利用大自然地貌或人工技术改变山水环境的自然特征，结合雕塑、壁画、植物、楼亭阁榭等创造供人们欣赏、居住的幽雅环境，给人以贴近自然的审美享受。

罗马尼亚的康斯坦丁·布郎库西，是一个主张现代浮雕壁画应按照材料的属性来表现的艺术家。他在罗马尼亚特尔古日乌设计的《吻之门》（图4-18），是纪念1916年第一次世界大战中牺牲的罗马尼亚战士的纪念碑的一个组成部分。此门建造在特尔古日乌公园的正中间，因为在这个门上刻有浮雕吻的图案，故称《吻之门》。这种设计使整个公园顿时增色，并成为整个园林环境的一个重要组成部分。

图4-18　《吻之门》

（四）壁画与公共建筑室内环境

随着技术的进步和建筑环境艺术的快速发展，公共建筑的环境艺术化已经成为一种具有实用性及审美价值的艺术追求，壁画艺术与其他建筑因素一样，是公共建筑中富有生命力的不可缺少的构成元素。

室内环境空间对人们的情绪有着极大影响，因此，美化室内空间是室内环境艺术建构中的首要要求。根据室内使用功能的要求，以及建筑空间结构的限制，壁画的构成在形象、色彩、材质等各个方面都必须服从环境条件，从而创造出一个舒适的环境，来满足人们在生理和心理上的特殊需求。

（五）壁画与公共建筑室外环境

公共建筑的室外环境，是人们日常生活、工作中不可缺少的场所。在室外建筑环境中壁画艺术的作用更为重要。

壁画是美化公共建筑的主要因素，可产生亲切感和温暖感，激发人们对艺术的感知。因为壁画作品的存在给室外的环境创造出一种统一协调的人为联系，并赋予建筑自由活泼的气氛，所以任何一个城市的火车站、机场和汽车站等城市地标都以壁画表现了城市的文化气氛，代表城市的文化水平。壁画的存在，不仅能使人们获得轻松愉快的感受，同时也在轻松愉快之中减轻了人们在城市生活中的烦恼和压力。

由此可知，壁画要达到和所处环境的和谐统一，必须符合公共环境建筑的功能要求，并且运用自身的艺术语言使之与环境完美结合。公共环境中有无壁画对人们的心理与视觉产生的影响是不一样的，而壁画艺术作为人们喜欢的艺术表现形式自然有其独特的艺术价值。因此，壁画艺术与公共环境的统一和谐有着以下的基本原则和要求。

1. 壁画的整体性

所谓壁画的整体性是指壁画与建筑壁面协调的整体性，即壁画艺术应该适应墙面的要求，当然，这也包括了墙面所依附的建筑和建筑周围的环境。

壁画并不是建筑中盲目的装饰，它和建筑应该是一个完整的有机统一体。在特定的公共环境中壁画与环境之间相互补充、相互作用。若使用不当，就会显得支离破碎、不伦不类，成为可有可无的堆砌，最终导致环境格局的散乱而失去建筑整体的统一。

2. 壁画的公共性

因为壁画艺术是大众生活所拥有的空间艺术，大众对其参与性和互动性愈高，就愈能表达壁画的艺术价值，所以壁画所陈列的环境具有公共性，且大多处于室外或室内的公共场所。这样壁画便可以受到社会的评价，尤其是从艺术审美方面。壁画应尽可能地使更多的观众产生审美共鸣，从而使广大的公众获得艺术享受与社会启示。

3. 壁画的多样性

运用于特定建筑环境中的壁画，受到不同建筑壁面及建筑的功能、性

质、材料等多方面的要求，直接地导致了壁画艺术的多样性。特别是材料的日新月异，极大地带动了现代壁画艺术在题材、内容、手法、形式、风格上的多样性。

二、公共壁画的形式特征

壁画是环境艺术的一个组成部分，其表现形式是灵活多变而又受到制约的。壁画的成功与否，既取决于特定环境中功能与内容的需要，又取决于各种环境因素的相互协调，同时还要顾及壁画艺术制作的工艺性、技术性和可操作性。

以下简要说明几种主要的公共壁画艺术的表现形式特征。

1. 叙述性表现形式

这是一种常见的表现形式，犹如讲述一个故事一样有一个较为清晰的时间轴线，有详略得当的主次安排。所不同的只是它们进行的是空间性的形象表达，将关键的情节分布在画面上的主要部分，背景及辅助性的细节作为一种环境化的配置。它们在处理题材的形式上类似于写作中的叙述，可以分为顺叙、倒叙与插叙。其中，倒叙性的形式是较为常见的，因为故事的结果往往就是主题的所在，应该加以强调与渲染。

2. 纪要性表现形式

壁画的艺术语言，只能摘取历史长河中的几个瞬间，通过这几个瞬间去表现整体，通过直观的视觉形象震撼人心。

如壁画《历史回顾》，这幅壁画作品取材于中国历史，它以一个静态的瞬间场景叙述了孙中山领导的辛亥革命的历史，进行了富于概括性、纪要性的表现。

3. 罗列性表现形式

罗列性表现形式是把所要表达的主题内容中具有代表性的形象逐个地分布在画面上。

这种表现形式既不需要画面的连续，也不需要分明的主次安排，彼此间的关系较为独立，不像叙述性和纪要性的表现手法需要有次序的、线性的结构，它们更接近于说明文中的分类别的说明方法。需要注意的是，壁画中的每个形象主体都必须紧扣主题，为表现主题服务。

4. 场面性表现形式

场面性表现形式适合宏大场面的描绘，以群体活动为特征，主题内容鲜明突出，常常采用场面性的表现形式来进行艺术性的组合。它们一般不以阐述一段具体的故事为目的，也没有时间的延续，仅仅是在时间的流动中，截取某一个瞬间的印象，记载下这一刻的场面性情景。

如壁画作品《革命故事》，通过特定的艺术表现形式，再现了"革命"这一特定场景几个英雄画面。

三、公共壁画作品的创作设计

1. 图拉真柱浮雕壁画

图拉真柱浮雕壁画（图4-19）是大理石浮雕，位于罗马图拉真广场。罗马帝国时期，图拉真皇帝为纪念自己征服达契亚人的伟业，将这段历史雕刻在一根直径3米、高38.7米的石柱上。浮雕壁画由一条高度为1.25米的浮雕带盘旋环绕而上，共绕了23圈，展开后总长达200米。这件浮雕壁画以大理石为材质，共刻画了2500个人物、155个场景。在长24米、宽16米的小院子里树立起高达42米的石柱，其强烈的视觉反差造成心理上的震撼，使人崇敬感油然而生。这种记功柱的形式，被欧洲后世的许多统治者所效仿。

图4-19 图拉真柱浮雕壁画

2.《千秋雄关》

《千秋雄关》花岗岩双面浮雕，位于甘肃嘉峪关市雄关广场，长 125 米的环形壁画从体量上来看非常有气魄。这件作品设计在城市公共广场的一角，环形的构图正好与整个圆形广场的造型一致，使广场被围拢成相对封闭的独立空间，花岗岩双面浮雕墙具备了壁画与围墙的双重功能。略显夸张并带有符号性质的人物、动物造型有着史诗般的宏伟，嘉峪关的历史被形象地定格在岩石的表面。略带红色的花岗岩更显气势的伟岸，与周边的历史古迹遥相呼应，更显古城风韵。

3. 故宫九龙壁

故宫九龙壁（图 4-20）位于紫禁城宁寿宫区皇极门外，壁长 29.4 米，高 3.5 米，厚 0.45 米，是一座背倚宫墙而建的单面琉璃影壁，为乾隆三十七年（1772 年）改建宁寿宫时烧造。壁上部为黄琉璃瓦庑殿式顶，檐下为仿木结构的椽、檩、斗拱。壁面以云水为底纹，分饰蓝、绿两色，烘托出水天相连的磅礴气势。下部为汉白玉石须弥座，端庄、凝重。壁上九龙以高浮雕手法制成，最高部位高出壁面 20 厘米，形成很强的立体感。纵贯壁心的山崖奇石将九条蟠龙分隔于五个空间。阳数之中，九是极数，五则居中。"九五"之制为天子之尊的重要体现。整座影壁的设计，不仅将"九龙"分置于五个空间，壁顶正脊亦饰九龙，中央坐龙，两侧各四条行龙。两端饿脊异于其他庑殿顶，不饰走兽，以行龙直达檐角。檐下斗拱之间用九五共 45 块龙纹垫拱板，整座建筑以不同方式蕴涵多重"九五"之数。此外，九龙壁的壁面共用了 270 个塑块，也是九、五的倍数。为了不损坏龙的头面，分块极为讲究。只有悉心的设计、高超的技艺，才能达到如此精湛的效果。九龙壁是清乾隆时期的名匠"样式雷"构思设计的。据说当雷氏把烫样呈给乾隆审阅时，这位老师傅曾巧妙地解释九龙壁的意义道："数至九九，壁长为暗九，乃应中华国祚万年。"乾隆大喜，重赏"样式雷"，并命工部依样建造。

图 4-20 故宫九龙壁

4.《巴山蜀水》

《巴山蜀水》（图 4-21）位于老首都机场二楼东餐厅西壁，由袁运甫设计，并由袁运甫、杜大恺等 6 人用丙烯材料绘制而成。《巴山蜀水》以雨后长江为题材，描绘了从重庆顺流而下，抵达白帝城再至夔门的山水景色。作者为创作这幅壁画曾数次自重庆沿长江至上海实地写生，从而获得巴山蜀水的神韵与气势。这幅壁画既包含了对传统"青绿金碧山水"的理解，更体现了形象生动、质朴恢弘的气势，表现出了陈毅诗中描写的"峨岷高万丈，夔巫锁西风，江流关不住，众水尽朝东"的境界。

作品在画面构图上，用垂直线将整个画面分割成 11 块屏风式画面，以此与建筑相协调，既注重整体构图气势的连贯，又考虑到每一块分割画面的完整性，使每一块画面都具有引观者视线停留的吸引力，增强了画面的安定感。色彩整体单纯、沉静，采用了从暗部向亮部渲染，再从亮部塑造的手法，最后通体罩色。这幅壁画在绘制过程中采用了线描、渲染、点染、局部堆塑形象、拍染、喷绘等手法，可以说是中西画法的结合。

这件作品影响了几个时代的艺术家。作品以它独特的视角，将长江三峡尽收眼底，巨大的山峰、源远流长的长江统一于青色的色调之中，见过这幅壁画的观众无不被它的气势所征服。

图 4-21 《巴山蜀水》局部

✵ 第四节 公共空间装置、装饰设计

一、公共空间装置艺术

（一）装置艺术的概念

装置艺术是一种兴起于 20 世纪初的西方当代艺术类型。装置最初用于工业设计，包含了装配和并置的含义。目前装置艺术是指艺术家在特定的时间、空间中，将人们日常生活中已消费或未消费过的物质文化实体，进行艺术性的有效挑选、利用、拼贴、改编，从而形成一个新的艺术形态，来展示丰富的精神文化意蕴。装置艺术更侧重于装配、构造、制定的过程，艺术家利用各种媒介与材料在特定的空间场所中创造出蕴含文化精神寓意的艺术作品。

装置艺术是由"物"传"情"的艺术形式，将各种看似平淡无奇的现有物品有效选择、重组、解构，形成异化的物体和空间，表达艺术家的观念与情感，引发参观者的思考和感悟。装置艺术是非常开放与包容的艺术，它自由地结合绘画、雕塑、建筑、音乐、戏剧、电影、诗歌、摄影、录像等各种艺术类型，运用一切可以使用的创作手段。装置艺术是一门综合性的艺术学科，它是通过人们的感官、情感等一切感知手段来体验的艺术形式，因此它没有固定的创作模式与展示方法，也不限于用某种技法、材质来表现作品。

（二）公共空间装置艺术的作用

1. 激发城市公共空间的活力

装置艺术主要是从两方面激发城市公共空间的活力：一是装置艺术依靠它自身的一些特性作为一个相对独立的个体融入公共空间中，成为空间景观构成的元素之一，并利用装置的个性去丰富和活跃空间氛围，从而增强空间活力。二是传统的城市公共空间设计侧重于功能和形式的融合与统一，但在一定程度上忽视了人与场所的情感交流，场地的活力自然会大大降低。《红折纸》走廊（图4-22）的装置艺术使得往日偏远的城市"后杂院"成为居民乐意前往的城市"前厅"。《红折纸》的融入，使得孩子们的上学之路变得活泼有趣，周围的居民也有了一个亲切宜人的户外生活场所。

图4-22　《红折纸》走廊

2. 增强景观互动与空间参与性

公共空间装置、装饰的衍生物还有一大类就是互动装置艺术，其显著特点就是利用新媒介等新科技和高科技材料来促进互动。Paint Drop 是一个创意性的公共互动装置，比如油漆水滴（图 4-23），从视觉上连接了主广场和新开业的零售店，在引人注目的同时，更通过一系列色彩缤纷的、"飞溅"的油漆点来吸引周围的顾客。该装置是由 8 个反垂曲线形拱体组成的系统，这些拱形结构沿着设计好的路径相互连接，与地面连接的地方会形成一个巨大的滴溅色块，艺术家将座椅和休息区设置在这里，从而为装置赋予了功能性。地面上的沉浸式图案更进一步增强了游客的体验。

图 4-23　上海 Paint Drop 互动装置——油漆水滴

3. 带来新的空间体验

装置艺术塑造的新奇空间，带来的互动体验和多种感官刺激，超越了人们对空间的传统认知，突破了原有空间景观设计的局限，为城市公共空间赋予了一些新颖而梦幻的元素。

4. 城市景观地域的多意性

装置艺术的多意性从多方面加强了城市景观对于地域性的塑造，并具有丰富的语义内涵，复合了两者间的潜在性质，丰富了传统景观表达地域性的多种手段。

5. 通过隐喻表达城市文化观念

城市形象的塑造与城市文化的渲染密不可分，展现城市文化内涵的景观空间是提升城市空间品质的手段之一。装置艺术作品可作为文化的物质载体呈现出一定的文化观念，这种文化观念的展示是通过一种隐喻的手法展现的，比起那些直白的作品更具有深度与内涵。

6. 体现人与场所的情感关系

装置艺术对于城市景观设计更鲜明的特征是体现人与场所的情感关系，人们走进设计师所创造的景观中，感受作品传达的情感意境，从而获得精神感悟。blu Marble（图 4-24）是一个巨大的 LED 装置，描绘了地球在太空中的实时景象。人们可以将自己置身于一个从未体验过的空间形式和尺度中，进而思考自己的存在。这个具有反思意义的项目为人们提供了一个新的视角，去思考自己在宇宙和空间中的存在形式，同时也有助于人类针对现状，做出一些积极的改变。

图 4-24 blu Marble

（三）公共装置艺术的特性

1. 环境性

环境对装置艺术特性的表达起着重要的作用，装置作品的一个重要表

述内容就是其所在环境。环境作为必要因素对装置艺术有重要的影响，因而装置艺术要创建一个能使人置身其中的室内或室外的三维环境。装置结合了物质实体的形态和结构以创造出一个新的生命体，从而给人心理暗示并和人进行互动，这是其他单体都无法实现的。

2. 整体性

装置艺术呈现的是一个事件从起源到发展再到完结的完整艺术活动过程，它强调的是小元素与大环境（时空）的协调。如图 4-25 所示的装置——《我的心跳与你同一节奏》，旨在向巴西的 LGBT+ 社区致敬。装置圆筒内装有声音系统，可以播放 LGBT+ 活跃分子讲述其经历的音频和讲述故事时他们心跳的声音。《我的心跳与你同一节奏》使用 LGBT+旗帜上的颜色，从装置核心的圆筒延伸出来，沿着地面蜿蜒形成公共座椅。

图 4-25　《我的心跳与你同一节奏》

3. 互动性

在装置艺术产生的过程中物与人、空间与人、人与人都存在着情感和肢体的交流，这充分调动了人与物之间的情感体验。如图 4-26 所示，这座名为 Locus Amoenus 的公共艺术装置很好地阐述了这种互动性。设计师旨在用该装置营造共享空间，让来访者与装置及来访者与来访者之间产生有趣的互动。

图 4-26　Locus Amoenus

4. 可变性

装置艺术的可变性体现在它的艺术构成和艺术表达会随着时间、参观者介入的反作用及自然元素等因素的影响而产生变化和延展。如图 4-27 所示的 AI 蝴蝶光影艺术装置《希望之蝶》为观众营造出一种多感官的迷幻氛围。它是由一群最高达 7 米的巨型教堂玻璃蝴蝶及超过 350 只幻彩玻璃蝴蝶组成，日间蝴蝶的彩色和幻彩玻璃会根据日照轨迹把光线反射并折射到地上及墙身，为街道抹上一层自然光彩，摄影最佳时刻是正午 12 点半至下午 1 点半，透过阳光投射到街道的每一个角落；夜间蝴蝶将配合特选的节日音乐及符合能源效益的 LED，由人工智能 AI 控制，每晚带来每次都独一无二的音乐灯光节目。还有 12 米高的互动圣诞树，配合无触控互动技术，加上电影级特技光影投射，飞舞的蝴蝶将活现于大家的衣服上，让观众恍如置身于电影场景中，更显独特。超过 350 只幻彩玻璃"蝴蝶"在街道上空飞舞，《希望之蝶》寓意蝴蝶破茧而出，走出阴霾，重拾爱与希望。

图 4-27 《希望之蝶》

5. 隐喻性

装置艺术具有隐喻性。例如，设计师以儒勒·凡尔纳的科幻故事为灵感创造出装置 Boolean Operator（图 4-28），在故事中，那些通往地球中心、海洋深处和月球表面的路线，只有通过人们的努力发现才能找到。这个装置可以勾起人们的探索欲。其双曲面结构不会产生规则的阴影，也不会给游览者提供过多的信息来感知它的尺度或深度，由此理解空间的唯一方法就是通过它。蜿蜒的小径不仅仅是一种设计，更是由一道光线所产生的暗示，绘制在这个探索欲望的地图上。

图 4-28 苏州 Boolean Operator

6. 再生性

装置艺术的"再生性"指的是 20 世纪 90 年代后的许多装置艺术的创造都源自艺术家对于"装置化"手段的再认识并加以利用，特别是在环境构成领域中的运用与结合，它赋予环境设计更多的新思想和内容。

（四）装置艺术的分类

1. 按媒介分类

（1）传统媒介式的装置艺术。传统装置艺术的媒介材料基本上是各种物质材料，利用材料特性再进行雕塑式造型，将造型置于环境中进行融合创作。如图 4-29 所示为传统媒介式装置艺术，它的材料大多是生活中常见的。

图 4-29　UGUNS 装置

（2）新媒介式的装置艺术。装置艺术的观念表达和新媒体艺术中的先进技术进行融合产生的新媒体装置艺术，是装置艺术的衍生物之一。新媒体装置艺术具有多维的艺术表现力，结合了数字媒介与物理媒介，也有超文本与图像、视频、音频等媒介的综合利用，能够以更丰富的姿态介入其他设计领域中去共同创造。在新媒体装置艺术中，观众可以及时地与作品进行信息交流并获得相应的反馈，这是一种实时体验的过程，增加了整个装置作品的趣味。新媒体装置艺术多种多样，诸如 3D 雕塑装置艺术（图 4-30），需要加以选择再运用到城市公共空间中去。

图 4-30　3D 雕塑装置艺术

2. 按时间性分类

（1）临时性的。直到今天，装置作品的大部分仍旧存在于临时状态的公共空间之中，尤其是被广泛运用在各类具有时效性的场所之中，比如展览会、音乐节、嘉年华和设计竞赛等。装置 Entrelesrangs（图 4-31）是第四届 Luminotherapie 设计竞赛的获奖作品。该项目的设计灵感来自魁北克的麦田，当小麦在微风中摇曳时，风景尤其美丽。Entrelesrangs 装置是由成千个灵活柔韧的茎状管组成，管状结构顶部附有一个白色的反光膜，这些反光膜利用周围的景观刺激可以不断移动变换，充满活力与动感。

图 4-31　装置 Entrelesrangs

（2）长期性的。装置作品随着技术的发展和人们的需求会长久存在。最值得注意的形式是具有明显功能的装置艺术构筑物，例如景观小品、公共设施或是一些巢穴、屋顶等。它们与传统景观构筑物的区别在于它们皆具有强烈的精神指向性和丰富的视觉效果。

UAP与艺术家Charles Petillon合作，将万科集团在北京的一个多用途商业开发项目中的临时性的艺术实践转化成永久性艺术装置——漂浮的球状云装置（图4-32）。该装置直接参考了艺术家Pétillon的早期作品，由近百个手工打造的不同大小的铝球组成，悬挂在入口中庭，作品为空间提供了有力的艺术干预，将艺术和设计元素和谐地融入了中庭。

图4-32 漂浮的球状云装置

（五）装置艺术与公共空间

装置艺术是艺术家根据特定展览地点的空间特征设计和创作的艺术整体，是一个能使观众置身其中的三维空间"环境"，装置艺术与公共空间是互相融合或互相冲突的关系。

1. 与城市公共空间环境融合

城市公共空间中的装置艺术是一种可变的艺术，其根源在于对形式、色彩及尺度的重构，通过对材料进行移动、布置、悬挂、拼贴等方式加减组合物件，确保以更简便快速的方式融入城市公共空间环境。

（1）形态的重构。装置艺术形态的重构可以通过扭曲、重叠、抽象和断裂等手法进行，公共场所的空间形态也随着事物形态的重构发生改变。Jacob's Ladder 装置（图4-33）高34米，由46吨钢管横切拼接而成。480根钢管相互穿插叠加，上下层钢管长度和尺寸相对增加或减少，并最终形成优美的曲线形态，给人以难以置信的视觉假象。

图 4-33　Jacob's Ladder 装置

（2）色彩的重构。装置艺术在城市公共空间中所表现出来的色彩冲击与装置艺术一样具有独立性。2014年夏季，东京 Emmanuelle Moureaux 工作室在新宿中央公园安装了一片全彩色艺术装置，该装置共使用到分别染了100种色彩的织物。这些手工染制织物随风飘荡，给人们带来了非凡的景象、飘逸的光影，以及远离现实的想象空间。

（3）尺度的重构。在设计艺术学领域，对尺度变化的把控是可预期和相对的，对装置艺术的形式尺度大小、偏移的重构必须与城市环境特质相适宜，也就是说，区域城市空间尺度构建需要充分考虑自然元素和肌理的影响。如图4-34所示装置是一个截面为矩形的大尺度的封闭家具装置。

该家具装置尺度和水平形态的设计都是设计师有意为之。巨大长椅从地面冒出，单一线条围合成一个不规则的环形，营造了一种既具公共氛围又有亲密感的环境。

图 4-34　法国花园家具装置

2. 与城市公共空间环境冲突

装置艺术是具有相对独立性的空间复合体。在中国，装置艺术曾被称为观念艺术，经常运用在当今城市的公共空间环境中，使其与空间环境中的建筑、植物等形成对比，成为被大众审视的对象。这种形成对比的表现方式在城市公共空间环境中主要有三个状态。

（1）环境再造。在现代的城市公共空间中，当将其他元素转移到这个城市公共空间中时，往往会放置代表特定区域和特定时间的设计元素，这种代表一种物象的设计元素就使人联想到它原本所处的环境，并且由大众审视，从而使得其本身的意义发生改变。

（2）篡改再造。与环境再造相比，篡改再造重视的不再是装置艺术作品所处的环境，而是对艺术作品所表现的事物本身形象特征的变化。在艺术创作过程中，通过对形状和材料进行变换和重组，形成新的物质外观，

同时又保留原有的物质特征。

（3）形式转化再造。装置艺术家的创新思维体现在对传统形式的转化再造，通常表现为对材料的创意利用，通过对比、模仿等方式转换再造艺术创作形式。艺术家 Shiota 通过编织血红色的纱线，创造出庞大复杂如同神经脉络般的网状装置，引发人们思考存在的意义。

二、公共空间装饰艺术设计

（一）装饰艺术与室内公共空间设计

1. 装饰艺术

装饰艺术主要是指依附于某一主体的绘画、雕塑等工艺，它包含室内设计却又不仅限于室内设计。艺术具有相对稳定的特点，即使在不同的历史时期有着不同的内涵和表现形式，但它始终存在于人类社会的精神文明世界中。装饰这门艺术最早出现在我国的隋唐时期，随着时代的发展，装饰艺术与人们的日常生活日益联系紧密，在环境艺术设计、工业造型设计、日常用品装饰等方面都有着广泛的应用。❶

装饰艺术与其所依附的主体具有双重的性质。一方面，装饰是一门依附于各种主体，为主体彰显其性质、特征、用途和价值的艺术；另一方面，装饰艺术又能够在其所依附的主体之下独立显示出自身所具备的艺术价值和审美价值。装饰艺术所拥有的价值与其所依附的主体所拥有的价值之间相互结合，共同构成一件完美的艺术品。

2. 装饰艺术的风格和趋势

在现代社会的发展中，装饰艺术的主流设计风格以简洁明快为主。随着经济的发展和社会竞争的不断加剧，人们的生活节奏逐渐加快，大部分的时间都用在工作和学习上，注意力的集中和快节奏的生活压力使得人们对装饰艺术提出了更为简洁的装饰要求。现代社会对简洁提出的要求不仅仅是将装饰物品简单化，更多的是一种将各种优良品质的装饰艺术在经过

---

❶ 崔茜. 公共建筑室内空间的室外化设计探讨［J］. 大众文艺，2020（22）：73-74.

无数次的排练组合和融合之后所凝练出来的精华的风格。❶ 在现代社会的发展中，装饰艺术的发展趋势正朝着健康自然的方向发展，在追求简洁的基础上更加注重突出自然的美感。这种装饰风格需要将绿色植物、环保材料、高科技的技术手段等相结合，以突出装饰设计的简洁、健康、自然。

3. 室内公共空间设计

在了解室内空间设计之前，首先要了解什么是室内设计。室内设计也就是对室内环境进行设计，是人为地对建筑内的环境进行改造的主要手段。室内设计主要包括室内装修和室内装潢，室内装修是针对建筑设计而言的，而室内装潢则主要是室内设计。室内设计不仅能够满足人们物质功能和精神功能的需要，还能够促进装饰艺术的发展。室内公共空间的设计主要包括对商场、办公室、餐饮场所、娱乐环境、旅馆等建筑结构的室内设计。❷ 在现代社会，室内空间设计与社会发展是一种相辅相成的关系，室内公共空间设计能够随着社会生产力和生产关系的发展而发展，社会的发展也能够将室内公共空间设计的技术水平逐渐提高。

（二）装饰艺术作品在室内公共空间设计中的运用

为了满足人们物质和精神生活的需要而进行的室内设计，需要在提高室内环境的物质水准的同时，也要提高室内空间的生理和心理环境的质量。因而在进行室内公共空间设计时，需要达到物质水准建设和精神水准建设两个目标。

1. 装饰艺术作品在室内公共空间设计中应用的原则

在室内公共空间设计中对装饰艺术作品进行摆放和设计时，需要遵循以下两个方面的原则。一方面，装饰艺术作品需要利用不同的材料来塑造形体。由于装饰材料会对装饰艺术作品的装饰手法和艺术表现风格产生制约，在设计室内公共空间时，装饰艺术作品的材料要与不同的室内公共空间环境相适应。另一方面，装饰艺术作品需要运用色彩来装饰空间效果。

❶ 郑成艳. 基于多元公共空间的建筑设计与室内空间的融合 [J]. 建筑结构，2020，50（20）：159.

❷ 张新颖. 当代装饰艺术设计中极简主义的运用研究 [D]. 哈尔滨：哈尔滨理工大学，2019.

不同的色彩对不同环境的氛围营造具有重要的作用，在设计室内公共空间时，需要充分考虑到色彩的装饰感觉与环境空间之间的关系，以发挥装饰艺术作品在室内公共空间设计中的作用。

2. 装饰艺术作品在商场设计中的运用

现如今，商店的主要类别包括专业商店、百货商店、购物中心、超级市场等，而商场则主要是基于购物中心这一具体的购物场所而言的。商场大多建在城市的中心商业区，在现代社会的发展中，商场已经不仅仅是对单一类别的商品进行售卖，还是集各种服装、配饰、电子产品、化妆品、餐饮等行业于一体的综合性商品售卖场所。对于商场的室内公共空间设计而言，装饰艺术作品需要针对顾客的购买行为来进行摆放和运用。在商场室内公共空间设计中运用装饰艺术作品，主要涉及门面招牌、橱窗、商品展示、货柜、商场货柜布置、柱子、营业环境、陈列方式等方面。在运用装饰艺术作品时，需要考虑到以上这些方面能否让顾客产生对相关商品的购买欲望，以达到商场的营业目的。

3. 装饰艺术作品在办公室设计中的运用

办公室是人们工作的主要场所，对办公室的室内公共空间进行设计，能够充分发挥环境对人的暗示作用，让人们产生愉悦的心理情绪，从而提高对工作的积极性。将装饰艺术作品应用于办公室的室内公共空间设计，需要在办公空间的组合与划分的基础上，以提高办公空间环境的舒适性为主要目标。一方面，在办公室内摆放一些绿色植物的装饰艺术作品，能够通过植物的清香来帮助人们进行思维活动和决策事务。另一方面，要运用装饰艺术作品给办公室营造一种具有家庭氛围的环境，以便能够充分发挥员工在工作上的能动性。在运用装饰艺术作品对办公室室内公共空间进行设计时，需要充分考虑到隔断、采光、照明等方面的影响，对装饰艺术作品的摆放和运用需要具有灵活性，并且与办公室的主体风格相适应。

4. 装饰艺术作品在餐饮场所设计中的运用

在现代社会的背景下，人们对饮食的选择逐渐呈现出多元化的特点。餐饮种类的繁多使得人们对就餐场所的选择也逐渐多样化，在这种情况下，餐饮行业的竞争日益加剧，餐饮场所的室内设计对顾客的选择和餐饮企业经济效益的提高具有重要的作用。在将装饰艺术作品运用到餐饮场所中时，需要将餐饮场所的布局形式、面积指标、功能分区、动线设计等内容考虑进去，并与餐饮场所的运营主题相匹配。餐饮场所的运营主题和风格是装饰艺术作品摆放和运用的主要依据。在对餐饮场所进行装饰艺术作品的摆放和运用时，还要与餐饮场所的主经营类型相配套，餐饮场所的主要经营类型包括中餐厅、宴会厅、风味餐厅、西餐厅、快餐厅、自助餐厅、咖啡厅和茶室、酒吧、厨房等。

5. 装饰艺术作品在娱乐环境室内设计中的运用

物质生活水平的提高使得人们对精神文化的需求越来越多，在城市的发展建设中，娱乐环境的室内设计种类逐渐丰富。在现代社会，娱乐环境主要包括舞厅、KTV、桌球室、健身室、休闲浴场、网球场等。因为这些娱乐休闲场所主要是以经营活动来赚取利益的，因而在将装饰艺术作品应用于娱乐环境的室内设计时，也需要充分考虑到装饰艺术作品的摆放和运用能否达到吸引消费者的目的。以 KTV 为例，KTV 是现代社会人们解压和娱乐的主要场所之一，在进行装饰艺术作品的摆放和运用时，需要与公共的舞池或表演厅、表演台、视听设备室、散座、包间、酒水吧台等设施的装修风格相一致。除此之外，在进行装饰艺术作品的摆放和运用时还要充分考虑到室内的灯光、环境气味等对顾客的影响，以达到增长营业额和经济效益的目的。

6. 装饰艺术作品在旅游空间室内设计中的运用

与其他类型的公共场所相比，旅游空间对装饰艺术作品的摆放和运用需求最为广泛。旅游业是现代社会发展的主要行业，旅游空间的主要经营和收益都来自游客。旅游空间对游客的吸引力主要来自环境、交通、服务、风格等方面的独特性，将装饰艺术作品应用于旅游空间的室内公共空间设计时，需要与旅游空间的环境和风格相契合。旅游空间主要包括酒店、饭店、宾馆、度假村等旅游的消费场所，在对旅游空间的室内进行设计时，需要充分考虑到游客的消费心理，这种消费心理包括对新事物的向往，对缓解压力、崇尚自然的向往和对开拓知识和眼界的向往。因此在摆放装饰艺术作品时，不仅要将当地的自然和人文环境特色考虑进去，还要尽可能地回归自然，给游客留下深刻的印象。

装饰艺术作品在室内公共空间的设计中具有重要的作用。随着现代社会的发展，人们对精神文化层面的需求越来越大，这也使得装饰设计和室内设计逐渐走进人们的视野并占据越来越重要的位置。通过对商场、办公室、餐饮场所、娱乐环境、旅游空间等室内公共空间设计中运用装饰艺术作品的具体要求进行分析，不仅能够充分体现装饰艺术作品的艺术价值，还能够间接促进各种企业经济效益的提高。

第五节　公共设施艺术设计

一、公共设施设计的概念

城市公共环境设施是伴随着城市的发展和社会的文明而产生和发展起来的，城市公共环境设施是人与环境的纽带，遍布于我们生活的城市的环境中，是城市景观的主要要素之一。在城市的每个街区中，各式各样的公共设施默默地给人提供各种便利的服务，也为提高城市功效作出贡献。因学科研究方向和切入点的不同，城市公共环境设施的名称有时也被称为"环境设施""城市家具""建筑小品"等。

"城市家具"一词中的"家具"（furniture）的定义为："人类日常生活和社会生活中使用的，具有坐卧、凭倚、储藏、间隔等功能的器具。一般由若干个零部件按一定的结合方式装配而成。"从广义角度上说，家具是人们在生活、工作、社会活动中不可缺少的用具，是一种以满足生活需要为目的的、追求视觉表现与理想的产物。因此，所谓"城市家具"即"城市公共环境设施"，主要是指在城市户外空间（包括室内到室外的过渡空间）中满足人们进行户外活动需要的用具，是空间环境的重要组成部分，是营造自由平等、充满人文关怀等美好氛围的社会环境的重要元素。

公共设施是连接人与自然的媒介，起着协调人与城市环境关系的作用。我们要根据人们的生活习惯和思想观念的变化，不断设计出新的能够满足人们生活需求和精神需求的公共设施。公共设施设计的内容包括"形式"和"内涵"两个方面。"形式"指公共设施设计给予的第一视觉效果，即其造型与其他设计要素的结合方式如何；"内涵"指公共设施设计的文化价值体现，性质的深层内容的内在体现。

城市公共设施包括公共绿地、广场、道路和休憩空间的设施等。城市公共设施是指向大众敞开的，为多数民众服务的设施，不仅是指公园绿地这些自然景观，城市的街道、广场、巷弄、庭院等都在公共设施的范围内。通过综合分析以上相关概念的要点，城市公共设施主要是面向社会大众开放的交通、文化、娱乐、商业、金融、体育、文化古迹、行政办公等公共场所的设施、设备等。

二、公共设施的设计原则

1. 以人为本

随着人的活动范围日益扩大，新的生活方式引发了人们对户外活动的迫切需求。户外的公共环境与室内环境不同，它属于大众的活动空间，人们各种行为方式的差异，促使公共设施也应具有与之相适应的功能与特性。

城市公共设施的设计应注重对人的关注，加强以人为本的意识，包括对人们行为方式的尊重。所以，公共设施的设计应该充分考虑使用人群的需要。在使用人群中老人、儿童、青年、残疾人有着不同的行为方式与心理状况，必须对他们的活动特征加以研究调查后，才能在设施的物质性功能中给予充分满足，以体现"人性化"设计。

比如在儿童聚集的游乐园，就应该针对孩子们的特点，在尺寸和色彩上，设计相应的特色设施。这就要求设计师具有一定的人文关怀的思想，真正考虑到针对的人群的需要。如阿姆斯特丹步行街上的雕塑不仅是装饰品，而且具有实用功能，成为市民日常生活的一部分。

2. 整体与个性结合

城市公共设施不同于一般的产品，在局部的环境中它是一个单独的产品，各自以其自身的孤立面貌占据着独自空间，但是整体来看，它只是整个城市景观的一部分，精心处理，就能使城市视觉环境达到统一之中兼有丰富变化的完美效果。城市公共设施设置应以城市规划为依据，从城市整体环境出发，使两者和谐统一，以不影响城市形象的整体性为基本原则，

要将城市公共设施与城市建筑、道路、绿地等一起组合成一个整体景观。

现代都市中不同的区域应有相应的合理规划，应考虑到功能空间、交通等多方面的因素，对公共设施进行系统化的布局与有机组合，而不应只停留于其本身的设计，应考虑它对该区域的空间环境的影响。只有充分研究公共设施与区域、与城市大环境的关系，进行动态的整合和精心的处理，才能创造出适宜的环境。

3. 突出视觉效果

城市公共设施对于城市景观的构筑是必不可少的。公共设施的创意与视觉意象，直接影响着城市整体空间的规划品质，与城市的景观密不可分并忠实地反映了一个城市的经济发展水平及文化水准。它以一定的造型、色彩、质感与比例关系，运用象征、秩序、夸张等特有的手法作用于人们的心理，给予人们视觉上的感受。

三、公共设施设计的技术表现

公共设施设计的技术表现在：公共设施的造型结构是否合理和具有美感；本身的制造手段；设施的维护和保养等。公共设施设计对于技术手段的要求是通过技术上的可行性和性能指标，来达到人们使用上的安全、适用、合理等要求。

1. 公共设施的造型结构

公共设施的造型结构内容主要包括造型材料的应用、内部的组织、各构成部分的组织搭配。

（1）不同材料的应用决定着不同的结构形式，在体现功能作用的前提下，强调造型的合理和结构美感是公共设施设计所处空间环境的要求之一。

（2）以往我们在设计中都强调设施的造型，而对于内部的结构组成忽略较多，内部组成部分的体积和结构形态也要很直观地体现在外部结构中，这样才能够真正做到技术和制造的可行性。

（3）设施各组成部分的合理搭配也是在一定的结构原理依据下进行，我们应考虑公共设施的坚固性、安全性，包括设计原理，如节能型（利用太阳能）等对结构的要求，利用综合知识来确定结构形式。

2. 本身的制造手段

本身的制造手段主要指的是在符合现代化生产方式的要求下，结合制造工艺的措施实现制造的手段。现在，人们对生活环境所提倡的生态化和本土化的立意，也影响着制造手段的工艺处理方面，人们对机械化工艺手法加工出来的人造产品的热衷有所降低，而更加喜欢朴实的、具有原始自然特性的工艺手法。能源类型不同、能源利用方式不同等科学技术的发展也影响着制造手段和方式。

3. 设施的维护和保养

设施的维护和保养在公共设施设计中也是很重要的环节，设施的功能状态、材料特性和构造形式是决定维护和保养设计方面的依据。

公共设施使用的频率很高，这种情况下不仅要注意设施功能在使用上的便利，还要考虑在维护和保养时的操作便利性，这与设施的功能状态和构造形式都有密切关系。

公共设施设计的技术表现直接受现代工业制造和发展的影响，同时也受人们审美观念和能源利用方式等的影响，所以技术表现要综合多方面的设计因素表现出时代的特色，寻求促进公共设施设计发展的方法，从功能和技术上改进比简单地追求形式的变化更容易引起人们的注意，更容易发掘出新的设计领域。

❀ 第六节　交互性公共艺术设计

交互性公共艺术是指在公共艺术的范畴内引入数字化虚拟表现的现代城市公共艺术，它是借助计算机控制来实现具有一定互动功能的城市公共艺术。从定义上就可以看出来，交互性城市公共艺术是技术与艺术的结合体，技术指的是计算机技术，艺术则是公共艺术所包含的艺术内容，比如城市雕塑、装置、光艺术、城市影像艺术等。

互动性是公共艺术的又一个重要属性，研究其场所和地域特征及其创作、建设的初衷，大众的参与是必不可少的，也就是作品与受众的互动。

这种属性也是有别其他艺术形式的一种归属于大众的艺术，它的最高层次在于受众能够真正参与到作品的创作中，达到作品与受众、作者与受众的双向交流，使作品不仅仅停留在信息的输出，更多的是受众对信息反馈的输入。然而这种互动性的作品还不多，目前的互动大多拘泥于机械式、物理式的互动。❶

公共性和互动性是公共艺术最本质的属性。公共艺术在一定意义上体现了当代人的文化理念、审美情趣和人文关怀，体现整体社会的多元形态与科学技术水平的发展状况，而公共艺术互动的意义凸显在"以人为本"的交流体验。

一、交互性城市公共艺术是技术和艺术的融合体

交互艺术是艺术家制定规则、算法，从事创作，提供多元作品，然后鼓励观众参与，以改变作品形态的方式作为对观众的反馈。这种互动是体验型的、多形态的，是在作者许可、鼓励下进行的，很多时候观众的行为也是作品的一部分。以往的设计是要求人们被动地接受，例如电视、广播、报纸、杂志等。而当网络出现时，人们有了自主选择的权利，但是这种选择仅仅局限于计算机和网络平台。报纸经常报道说某些不良公民攀爬到某个城市雕塑上拍照，报纸写了长篇大论并且附上照片，以表示真实性和作者的愤恨心。作为一个公共艺术者看到这些都是很无奈的，因为作为城市的一部分，公共艺术应该是一种不仅能美化空间，更应该可以跟人互动，能够愉悦人身心的艺术品。所以现在人们的目光逐渐从传统的城市公共艺术转移到具有交互性特质的公共艺术品上了。

当人们走在街头，漫步于城市广场，沉浸在博物馆里，他们还都是在被动地接受眼前的事物。那么，让我们试想，未来的某一天，我们可以随时自主地过滤我们的视觉信息，并且有选择地参与其中，体验自主创造与设计的快感，人人都可以成为设计师、艺术家，创作属于自己的作品。

数字化公共艺术有别于传统公共艺术的一大特性就是科技性。从创作材料来看，数字化公共艺术的创作材料是基于数字技术的媒介材料，这其

---

❶ 郭晓寒，何雨津. 互动媒体艺术［M］. 重庆：西南师范大学出版社，2008.

中包括感应器、LED、数字显像系统、计算机、通讯工具、网络等，以及计算机编程技术、虚拟现实技术、交互系统等技术手段和平台。而传统公共艺术的创作材料一般为木材、石材、玻璃、玻璃纤维、水泥、钢板等。从创作过程来看，数字化公共艺术的创作往往要经过数字虚拟模型、电路铺装、电路调试、软件测试等步骤；而传统公共艺术在创作过程中是没有电子元件介入的。

随着经济的发展和科技的进步，设计中越来越广泛地运用到电子技术，拍照录像技术、数字媒体技术等，人们对视觉图像的要求也越来越多，除了传统的实型、模拟型、类比型和结构型，人们现在追求的是一种互动性的视觉感受，不再是以前被动地接受这些视觉感受，而是从互动参与中得到设计带来的愉悦感受。未来的城市公共艺术的技术含量将会更高，这些技术包括语音识别、图像文字识别，还有人的表情识别，各种传感器等。未来的城市公共艺术品的艺术是以技术为依托的，而艺术是技术的表现形式。

再如网络多媒体艺术也是一种基于高科技和互联网的公共艺术。网络和通信技术的发展，促进了相关艺术的繁荣。早期的网络通信艺术的表现基本上是艺术家通过网络和通信技术来进行图片、影像的传输与制作，以达到分享艺术成果的目的。1969 年芝加哥当代艺术博物馆举办了题为"电话艺术"的展览，工作人员通过电话与艺术家沟通来制作展品并由艺术家以外的人员参与并完成作品。这使艺术家对作品的最终表现形式充满了不确定性。而在此以后的网络与通信艺术的创作中，网络受众参与作品并改变作品成为一种趋势。

新技术手段的运用正影响着我们对空间、对艺术的心理关系和概念。如今，新的数字技术可以让不同的媒体形态相互结合，并给予观者自主的控制权，与作品本身建立彼此的互动性，作品则提供更多的可能给观者，这种非线性的思考过程，改变了以往的审美体验，使观者参与并沉浸在作品之中，体会"创作"作品的快感。这样看来，数字媒体技术的运用已经是结合了影像、声音、文字、控制技术的超级文本，贯通了多种可能，蕴藏着极尽丰富的表现元素，参与者或者说创作者每次不同的操作都将可能导致不同的结局——而这正是数字化公共艺术所拥有的互动性所带来的无

穷魅力。

二、未来交互公共艺术中的技术目标

马克·威瑟认为：从长远看计算机会消失，这种消失并不是技术发展的直接后果，而是人类心理的作用，因为计算机变得无所不在，不可见的人机交互也无处不在。对未来的交互性城市公共艺术来说，应该是更好地让人们参与到人和作品的互动中，让人们自由自在地在艺术的海洋中寻找快乐，所以在未来交互公共艺术中的技术应该达到的目标有以下几个。

（1）人们在参与公共艺术品的互动时，将会更加简单自然亲切，交互公共艺术作品不会再通过训练很久才能准确使用和互动，人们跟机器交流就像人跟人交流一样那么简单，让不同年龄、不同阅历的人都能够参与到公共艺术互动中。

（2）通过各种技术的加入，使公共艺术品做出来的交互效果很强，不再像现在的交互性公共艺术那么单一，只包括一项功能，未来的技术将会带给人们很强的感官冲击力，不管是在立体声效，还是在立体三维的视觉效果中都能得到最好的感受，光感、水感等都非常逼真。未来通过技术的加强将会给公共艺术带来另一种升华。

（3）未来因为科学技术的发展，将会给公共艺术的造型带来很大的改善，交互性城市公共艺术作品的不管是在造型还是各种感官方面都将会具有更加丰富的表现形式，公共艺术家能够在高科技的基础上创造出数不胜数的各种类型的公共艺术作品。

（4）通过一些技术，能让公共艺术品不仅是一件作品，更是一个能跟人交流感情的对象，它能安抚人的心，净化人的心灵，美化整个环境，能够给人的生活带来创意，激起人们对科技的求知欲，推动整个科学的发展，使全民都开始关心科学技术。❶

三、交互性公共艺术的创作设计

如今，在城市公共空间中，交互性公共艺术已占领一席之地，并常以

---

❶ 李四达．交互设计概论［M］．北京：清华大学出版社，2009.

不同的实践形式呈现。交互性公共艺术利用其独特的艺术语言，丰富空间美感，展示地域文化特色，塑造城市空间的场所精神，同时使公众更为主动地参与到空间与艺术环境中，提供更沉浸的体验，也拥有更强劲的吸引力。

（一）以景观形式呈现的创作设计

城市景观附近常常发生公众的群体活动与集聚，也因此具有极强的公共性。城市景观是公众与城市空间、文化艺术的连接，在城市形象塑造和城市文化体现方面有着不可小觑的作用。❶ 我国一些主要城市也通过交互式公共艺术塑造不同以往的城市景观，提升城市品牌的竞争力和影响力，呈现出符合城市需求的进步。

苏南万科公园大道位于苏州，其中包含诸多绿地与水道，主要划分为六个区块，是城市民众休闲散步之地。公园大道深度地结合了声光电，有强调沉浸与互动的雕塑装置，种类繁多的游乐设施等。

公园大道上的互动水帘装置（图4-35），利用水景基础和雕塑联动，形成瀑布一样的水幕，过往的游人可以通过手机扫描特定区域的二维码，与此装置互动。此互动雕塑水景的设计平衡了科技美与自然美，成为炙手可热的"网红"打卡地，吸引众多游客的眼球，是展现苏州文化的重要途径。❷ 苏州城市品牌中，其环境品牌可分为自然环境品牌与人文环境品牌，也可具象为优越的地域环境、丰富的古镇资源及典雅独特的建筑。苏南万科互动水帘装置设计深刻理解城市品牌定位，外形上采取经典苏州园林元素，采用能够简明、直接识别江南水乡的几大要素——水、桥、门、楼、墙、亭并将其解读重构，剪影概括为折线语言，色彩上以江南"粉墙黛瓦"黑白灰为主，主体纹理提取苏州经典织锦与水文化，打造江南人居的意境。苏南万科互动水帘装置在设计元素上，深度结合苏州城市品牌定位的"江南水乡特色和丰厚历史文化传统"，而在表现手法上更为现代化，

---

❶ 欧阳琼. 基于城市活力视角下的线性公园景观设计——以万科公园大道中轴线景观设计为例 [J]. 城市建筑, 2020, 17（6）: 145-147.

❷ 黄金霞. 苏州城市品牌营造刍议 [J]. 苏州大学学报: 工科版, 2004（6）: 71-74.

交互形式上则更侧重亲水和谐，营造出科技感与未来感，契合苏州在进行现代化建设的同时，还重视城市环境的可持续发展，努力营造人与自然较为和谐的生态环境的品牌定位。❶ 设计整体富有动感，契合环境氛围，与场地元素和谐统一。设计元素紧扣着苏州城市地域文化特色，交互装置的形式提升了公众的参与感和认同感，积极寻求创新的同时兼顾文化内核，使其设计理念深入人心，这种超脱传统的设计拥有巧妙的、整体的艺术感染力，能够更高效、更生动地传达城市品牌的内涵，参与进来的公众本身也成为装置的一分子，使苏州城市品牌形象得到提升。

图 4-35　苏南万科公园大道

城市景观中的交互性公共艺术，在展示城市地域性文化特色上能做到更直观、更富于吸引力，有助于提升城市空间的吸引力，使其具有更多可玩性，增加公众的文化自豪感，城市品牌亦可因此不局限于完成时为大众所共同体验，更是作为一种可成长的品牌价值，使大众在参与、互动的同时，将自身情感注入其中，为其带来新的内涵。

（二）以公共设施形式呈现的创作设计

城市公共设施往往承担了导视、休憩、照明等实际功能，但随着公众

---

❶ 黄金霞. 苏州城市品牌营造刍议［J］. 苏州大学学报：工科版，2004（6）：71-74.

日益增长的对美好生活的需要，已不满足于单纯提供这些基础功能，而更多地承担起与艺术合作情感输出的重任。作为城市空间中必不可少的元素，城市公共设施更注重公众与城市公共空间的认知与交流，在交流的过程中传递城市的核心价值与文化底蕴，这种形式能更有效地实现公众对城市品牌的理解与认同。交互性公共艺术独有的互动体验使其在引导公众在空间中做些什么、在空间中感受什么的同时，兼顾公众主动参与，自由表达，拉近公众与城市文化与艺术的距离，为城市品牌增添新的内涵提供可能。

耶路撒冷是一座历史名城，其城市品牌是以宗教文化为核心，多元文化相交融。耶路撒冷既因为其城市品牌拥有鲜明辨识度，闻名于全世界，也因其独特性而难以"common touch"，在人和城市之间建立起一定的沟壑。耶路撒冷的城市品牌包含了太多历史演化和宗教活动的投影，是复杂信仰交织而成的物质形态，如今的它所缺乏的便是更现代化、更人文主义的艺术化情感表达。

耶路撒冷当地政府为改善城市空间而发起的项目——Vallero 广场的"Warde"，是委托 HQ 建筑事务所设计的艺术化公共设施，也是其为增添城市品牌全新释义所做的尝试。Vallero 广场的"Warde"作为特殊的城市交互装置，在为周边环境营造艺术美感，改善城市空间的同时，还提供照明功能并作为候车处。"Warde"以耶路撒冷的城市之花为原型，装置整体色彩热烈，对比鲜明，花瓣的部分是显眼的亮红色，配合黑色枝干宛自广场地下生长而出，抓人眼球。花瓣装置互动部分采用软性材料，通过充气与放气来实现花瓣的张开与闭合（图 4-36、图 4-37），它的运动传感器位于黑色"枝干"内部，一旦感应到行人路过或者有轨电车到达，就会通电，为巨大的"花瓣"充气，"花朵"就会盛开，当行人或电车远去或长久未出现，则会恢复闭合状态。在白天，盛开的"Warde"可为路过行人遮阳挡雨，夜晚便可提供照明。❶

---

❶ 尹文晶，金江波. 城市形象塑造中的夜间公共艺术景观［J］. 工业工程设计，2021，3（5）：79-86.

图 4-36 Vallero 广场的 "Warde" 盛开

图 4-37 Vallero 广场的 "Warde" 闭合

　　"Warde" 选择了城市之花 "银莲花" 进行创作，结合科技以新的姿态呈现。"Warde" 装置赋予路灯与候车处之外的功能，以崭新的方式建立起城市公共设施的秩序，尤其是面向公众的互动体验，使其拥有多层次的解读与传播，这种尝试也给参与其互动的公众新的角度去思考城市文化。银莲花文化含义多是优美、冷冽而寂寞的，与当地人民生活更相关。其艺术美感远大于宗教意义，互动装置也更多地为人服务，提升趣味性，增添了开放人本的精神，对城市品牌文化的意义进行延展与扩张。

（三）以建筑形式呈现的创作设计

建筑是城市的灵魂，建筑因要满足不同的需求，其功能与样式各不相同，但无论建筑的创作如何复杂，最终依旧要落实到建筑与空间的关系上来，从某种角度来说，建筑是综合的艺术，建筑自身作为最主要和最常见的城市元素，建筑的文化性、艺术性表达几乎决定了城市的气质。建筑在城市中巨大的占比，使它们成为极佳的画布，在科技愈加进步的当下，声光电及各种交互艺术随之呈现，给人带来超现实的艺术体验。

日本东京新宿，是东京三大副都心之一，新宿是日本摩天大楼集中区，聚集着许多的企业核心和政府机关，是商业与文化的据点。近年来，新宿全新地标就是车站东口广场的大楼广告墙。这个位于商业办公大厦的外立面上的 4K 立体 LED 万有荧幕，宽 18.96 米、高 8.16 米，总面积达 150 平方米，是由株式会社 Cross space 委托，株式会 MICROAD DIGITAL SINAGE 与株式会社 YUNIKA Corp 共同营运的。其特殊的万有荧幕使投影相当立体，有突破平面一般的冲击力，这种艺术形式一般被称为"裸眼 3D 影像"。新宿大楼广告墙，不通过其他设备，单靠裸眼向人们展示逼真震撼的 3D 视觉效果，利用户外高亮面板显示先进技术并通过特制的油面转折屏幕在特定角度呈现出超越屏幕的视觉冲击，打破了艺术和观看者的屏障，为人们带来超沉浸的艺术体验。新宿作为日本少数的大型繁华商业区之一，自身人潮汹涌，其快节奏、多元融合的文化自成一脉，作为该地区的地标，既要展示地区文化特色，又要对接世界，充满未来科技感。这面广告墙不仅承担着广告宣传的实用功能，而且为新宿带来足够的辨识度与文化输出，将新宿的繁荣、时尚与先进完美融合并向外传达。

四、未来交互公共艺术的表现形态

随着新技术手段的不断涌现，新型的艺术表现形态也随之产生。在数字时代背景下产生的艺术形式多种多样，它们由传统艺术衍生而来，将数

字技术及现代思维方式融入，使传统艺术具有了新的特征。

(一) 城市规划与城市公共艺术

一个城市的城市规划与整体面貌代表着一个城市的风格与品位，显示着这个城市的历史与未来。在当今的城市规划中，还是存在着用一种工程的眼光去看待城市建设与城市空间，法规、机能、造价、维护等方面的考虑比重要远远大于艺术与审美方面的考量。因此公共空间的品质、建筑风格、绿地、公园、博物馆等的规划都相对混乱与不完整，只实现了功能性而没有讲究艺术性。

未来的城市公共艺术，如果能将都市的规划与整体建筑风格的设计都纳入艺术的体系来考量的话，城市公共艺术将与整个现代先进科技结合得更加紧密。这样的案例在之前的城市公共艺术中就已经初见端倪，不过没有被纳入一个体系中。豪斯曼在 19 世纪中期所创作的新巴黎，整个城市的艺术氛围非常之浓厚。20 世纪中期建筑大师贝聿铭设计的东海大学，整个学校笼罩在一股设计感之中。20 世纪 90 年代盖瑞设计的占根汉姆美术馆的建筑本身就堪称艺术杰作。这样一来，城市公共艺术就不将只是停留在给某个广场空地添一个雕塑这样的辅助性的公共角色，而是直接融入城市的面貌渲染本身中。❶

这种基于城市公共艺术的艺术性规划，必须强调在设计之初，有更多不同身份的人参与其中，共同讨论得出方案。当然这样的艺术性规划可以首先建立某些艺术试验区，人们体验式地进入其中居住。再根据居住者的体验来修改方案以便制造其他的城市实验区。在这种城市实验区里面，大量的新型科技被广泛地采用，很多在旧的社区不能实现的建筑风格、生活区模式、新型动力系统等都被交织利用起来。城市公共艺术充斥在实验区的各个小细节上。人们在这种实验区里体验到的是城市公共艺术带来的艺术与科技的结合、人与城市的互动。

(二) 建筑改造与城市公共艺术

上述的将城市公共艺术融入城市规划中这样的全新尝试，很多城市和

---

❶ 胡超圣，袁广鸣. 魔幻城市——科技公共艺术 [M]. 桂林：广西师范大学出版社，2005.

地区很难有资金和地方去做这种全新的尝试。而另一种用高科技的手段的公共艺术手法来改造某些旧有建筑，则是未来许多城市公共艺术的努力方向。因为一些旧型社区、建筑因为年代久远而难以散发活力，在不能拆掉的前提下，如果用城市公共艺术的方式将其进行改造，则会成为城市和社区新的文化景观。

这种将艺术创意融入改变城市面貌的尝试中，并且融入大量先进科技的做法已经有一些做公共艺术的艺术家进行过尝试。例如哈金·索特与不同的艺术家合作带领其团队不断地尝试改变欧洲城市的面貌。他的作品横跨欧洲大陆，从巴黎、柏林到格拉兹，其中有一部分为永久性的项目。他针对目前欧洲大楼外观的光影多媒体艺术作品，提出了许多新奇的点子和构思。这位艺术家的艺术创意是针对大楼外观创作多媒体艺术。他擅长利用大楼外观作为创作的基本素材和平台，使看起来不起眼的平凡建筑在夜晚成为璀璨的明珠。

他的作品中最有名的一件是以德国柏林的一幢废弃的大厦外观作为媒介，在大厦的每一扇窗户后端装上一盏连接着电脑的灯。凭借植入特定的电脑程序，让大楼的外观转化成一个类似屏幕的荧幕。特别的是他邀请公众到户外空间观看这件作品呈现的面貌，并且抛出一些名额可以让部分观众用手机将自己想说的一些话传送到电脑上，再由电脑接通在大楼外观的手机荧幕上。这样现场的柏林居民就见证了世界上最大的最开放的手机屏幕，大楼手机荧幕前民众热情非常之高、惊叫和欢呼声不断。这件作品深受当地居民的欢迎，是一件运用高科技手段并且互动效果很好的城市公共艺术作品。❶ 除了这件作品外，游哈金·索特的另外一件杰出的作品是设置于康斯邵斯格拉兹美术馆的外观玻璃上，他将930根荧光灯管当成影像元素，并借由电脑程序来控制灯管以展示画面。这种有机生物的建筑体造型外观搭配上高科技的光影作品，使整个格拉兹古城具有一种超现实的魅力，使当地居民体验了一场前所未有的新城市景观。

---

❶ 胡超圣，袁广鸣. 魔幻城市——科技公共艺术［M］. 桂林：广西师范大学出版社，2005.

（三）互动体验与城市公共艺术

城市公共艺术除了对城市景观的创造与改造之外，另外一个非常重要的趋势就是关注人类情绪与体验本身，通过适应人的心理与生理的感情变化，来达到城市与人之间的互动。

例如，表情识别这种互动式的设计元素就可以运用在城市公共艺术中。人类的表情非常丰富，而且人类的表情跟人类的情绪非常有关，什么样的情绪就会有什么样的表情，而且一个情绪不仅有一个表情。所以说表情的识别技术是研究了很多年的一门学科，也是未来交互技术的一个热点研究代表。面部表情的分类有两个不同的体系，一类是对情绪的维度分析，另一类是对情绪的分类。汤姆金列出了8种基本情绪：兴趣，快乐，惊奇，痛苦，恐惧，愤怒，羞怯，轻蔑。❶ 我们研究表情识别的目的在于建立和谐的人机交互关系。利用这个技术使得交互性城市公共艺术能够看懂人们的表情，看懂人们的心情，从而真正做到和谐的人机交互关系。

我们可以想象，未来的我们，因为自己心情不好，独自来到公园散心，周围的环境感受到你的心情，播放你喜欢的音乐，营造你喜欢的环境，给你带来一切你喜欢的事物，人和机器的交互都是在无形中进行，你感受不到机器的存在，你也不需要挥动你的手或者拉着嗓门大喊，才会有什么生硬的互动效应。这完全是机器感受到你的心情情绪，我们可以想象这是一个多么美好的情景。

这种情景的实现不仅需要完美的艺术体验设计，还需要探索人类心灵与感官的需求，更需要科技实践与艺术设想的完美结合。环境与人体之间建立联系，公众与私人之间共享与私密的关系，都需要靠科技与艺术感染来共同地完成。数字媒体技术的发展、交互技术的发展与运用、艺术与技术的高度融合等，使大众参与体验公共艺术作品的形式发生了质的变化。公共艺术能够通过形象、语音和行为识别，使艺术家、作品与受众发生互动，实现艺术创作与艺术体验的双向交流，突破艺术活动的单向模式，让公共艺术焕发出更强的渗透力和感染力。

---

❶ 赵坤，张林. 心理学导论［M］. 北京：中国传媒大学出版社，2009.

在未来，一些艺术家、设计师和科技工作者的合作，使得数字交互作为一种新型的公众参与艺术成为可能。而正是大众的广泛参与，使得设计人群与受众大范围增加，这必然会导致量变到质变的过程，以创造性的艺术、设计与科技满足人类在当今社会的精神与物质需要，使得整个设计水平与技术能力得到长足的进步。而新技术手段在公共艺术互动中的运用必然会成为未来公共艺术的发展趋势。作为交互性城市公共艺术者，应该要走在技术的前端，要有时代感，不能总是抱着传统的公共艺术不肯放，不要局限于一种艺术方式，我们应该把艺术放在技术的高度上去做创作。但是先进的技术也不能完全取代传统的公共艺术，因为传统公共艺术还是有深厚的文化底蕴，也有丰富的表现力，人们对于传统的东西还是有一些熟悉感和亲近感，科技会让人们产生距离感，所以未来的交互性城市公共艺术设计不能单单靠技术来吸引群众的眼球，我们应该先要有过硬的艺术基础，然后合理地运用一些技术，把技术和艺术完美地结合在城市公共艺术上，这才是我们最终想要得到的。

第五章　公共艺术管理机制研究

🜨 第一节　公共艺术管理机制的
内涵、目的和意义

一、公共艺术管理机制的内涵

"机制"（mechanism）一词原指机器的构造、运行原理和运行规则，以及保障机器实现功能的运转方式。随着西方18世纪的机械唯物论者提出"人是机器"的观念，机制被借用到生物学和医学领域，用以表达生物体内发生生理或病理变化时各个器官之间相互关联、相互作用的方式和效应。近代社会学和经济学进一步扩展了该词的使用范畴，用机制来表示社会与经济领域的大系统中的要素组合、内在结构、运作方式和相互作用的机理。机制的本义引申到不同领域之后产生了各种演变，现已成为广泛使用的专业术语。在当今社会语境下，机制常常被指为某种在一定原则和理念指导下的组织结构、应对方式和作用过程与原理。"机制"由自然科学进入社会科学领域，经历了长期的过程。

"机制"这一概念被引入公共艺术领域，是因为它与公共艺术实施过程的构造与机理表现吻合，同时公共艺术的发展也需要完善的机制作为支撑。公共艺术与通常意义上的艺术类型不同：公共艺术被放置在公共空间中，必须取得政府管理机构的认可才能实施，并处于市政规划的组织与指导下；公共艺术的资金来自公共经费或公益基金，并在实施过程中有政府官员、艺术策展人、建筑商及社会大众的介入，在很大程度上是一种政府资源支持下的艺术活动；艺术家不能随心所欲地自由发挥，必须根据客观环境条件及委托方要求等进行创作，并与建筑师、工程师等其他专业背景人士协同合作。因此，公共艺术在构成要素、相互关系及运行方式上都具备了机制的意义。对于机制的作用过程一般使用"管理机制"这一术语，主要是因为公共艺术机制的运转过程兼具"运行"＋"管理"的两层内涵，公共艺术的构成要素不仅是有思想、有感情、有冲动的行为人，具有很强的精神作用力和主观能动性，而且有客观"运行"的成分，公共艺术的实施过程必须遵守法律法规、社会道德及社会大众的审美和需求状况等的规范与约束。

因此，公共艺术管理机制，就是指用一定的结构方式，把公共艺术活动的各个要素和环节组织、联系起来，使它们协调运行而发挥至最优的良性作用的组织方法；它是调节和约束公共艺术各要素及实施过程的基本准则及相应制度，是反映公共艺术活动中各要素及相互关系的总集合体。

讨论公共艺术的管理机制，还应对"机制"与"制度"这两个概念及相互异同关系加以辨析。制度是一个宽泛的概念，主要是指要求人们共同遵守的事务规范和行动准则，是一种强制性的规范体系。在社会领域中，制度根据性质和范围的不同划分为以下三个层次。首先，宏观层次是根本制度，侧重于系统对象的整体结构，通常指社会制度。如一般意义上的社会主义制度、资本主义制度、司法制度等。其次，中观层次是体制制度，侧重于系统对象的组织体系，通常指根本制度中某一分系统的组织体系和结构形式，包括特定社会活动的组织结构、权责划分、运行方式，和管理规定等。例如经济体制、文化体制等，同时体制又包含了若干更小的子系统，例如文化活动的组织体系和管理制度总称为文化体制，在它之下又包括文化服务体制、文化管理体制、文化创新体制等子系统。最后，微观层次是具体制度，侧重于系统对象的具体运行，即一般意义上人们共同遵守的各种行政法规、规章、规则等制度，例如财务制度、工作制度等。

机制与制度之间内涵不同，但又有着紧密的内在联系，它们处于社会结构的不同层面，根据自身特点和功能定位发挥不同的作用。可以认为：根本制度体现了系统结构与关系总和，体制制度体现了系统性质与组织关系，机制体现了系统的运行关系与过程。从机制与制度的逻辑关系来看，机制往往是一系列制度、规则、组织、要素的联结方式，和结构严密、组织规范、层层推进的制度结构相比，机制一词更多的是指向一系列经过实践检验证明行之有效、较为固定的方式方法；如果说制度是一种相对机械的结构程序，机制就是一种有机的联结系统。引申到公共艺术领域，马钦忠在《公共艺术的制度设计与城市形象塑造》一书中对美国百分比艺术条例、联邦艺术计划、国家艺术基金、加拿大文化政策作为公共艺术制度一起进行了系统考察，在马钦忠的观念中，法律制度、艺术规划、艺术财政、文化政策都被纳入制度范畴。❶ 中国社会语境一般比较重视制度建设，关注制度的合理性和优越性，但常常轻视机制的设计，所以经常使"理论正确"的制度悬于半空无法接驳地面，缺乏真实的活力，不能发挥制度效能。因此，完善的公共艺术的制度设计固然重要，管理机制的建设同样必不可少；没有管理机制来提供一套行之有效的方式方法和组织程序，公共艺术就难以落到实处。

对制度的稳定性进行考察还可以认识到，社会制度是国家的根本结构，决定了国家和社会的基本形态，不太可能改变；体制制度作为社会制度的分系统可以改变，但很难改变，需要调动极大的社会资源和决策决心才能实现，如中国正在进行的经济体制改革和文化体制改革；具体制度由于触动的社会层面较小，比较容易实现并改变。在文化、艺术领域，社会制度和文化体制决定了艺术机制，有什么样的社会制度和文化体制，就会有什么样的艺术机制。因此，对中国公共艺术管理机制的建设来说，希望通过公共艺术的发展来促进文化体制和社会意识的变革是不现实的，但是就管理机制自身的建立和优化是完全可行的。还需要注意的是机制与制度虽然联系紧密，但二者并非完全同步对等，实际上一定的社会制度下可以

---

❶ 马钦忠. 公共艺术的制度设计与城市形象塑造：美国·澳大利亚［M］. 上海：学林出版社，2010.

允许不同的体制和机制存在，例如中国在社会主义制度下既可以采取计划经济体制，也可以采取市场经济体制；在一定体制下可以采取多种灵活的机制，公共艺术运作机制即是如此。

对公共艺术来说，由于不太可能涉及社会制度变革的层面，它主要是受到文化体制的制约和影响，因此公共艺术运作机制主要是与文化体制和文化艺术政策发生关系。综述机制、政策与体制的相互关系可以认为，体制作为社会分系统的组织体系和结构形式决定了机制的方向与模式，机制的发展与创新又促进了政策的形成和调整，政策又反过来对机制发挥导向和调节作用；在一定的社会结构中，机制的运作必须在体制框架内进行，不能同体制产生抵触；为了实现某种社会目标，人们建立管理机制来朝向这个方向努力；为了让机制发挥作用，人们制定了配套政策来促进和激发机制的产生，利用政策内容对机制的功能、作用与走向施加影响；成熟完备、行之有效的政策会逐渐固化为更为细致的具体制度。即文化体制决定了公共艺术管理机制的内容与范围，管理机制反映在公共艺术政策上，艺术政策又对管理机制进行引导和影响。

形象地说，文化体制是战略格局，决定了公共艺术管理机制的内容、方向与模式；管理机制是具体战术，是如何将公共艺术的目标贯彻实施的方式方法，就是所谓执行力，是对文化体制的必要补充和重要载体；艺术政策属于策略范畴，它将管理机制的有效成分加以总结和固化，并有意识地对管理机制进行引导和调节。在实际情况中，由于管理机制与艺术政策处于互相作用与转换的临界点上，二者之间有些范畴边界是模糊的，有些东西说它是机制也行，说是政策也可，需要对其加以综合论述。

从公共艺术管理机制的构成来看，管理机制的结构要素、相互关系、运行方式具备系统意义，它的相关性质也符合系统特征，公共艺术的整个运作过程也是各种要素力量互相协作、互相博弈的过程，因此系统论方法适用于公共艺术管理机制研究，即把公共艺术管理机制作为系统来看待，并以系统思维的角度来考察管理机制的要素、系统、环境之间的关系与过程。

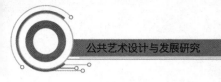
二、公共艺术管理机制的目的

随着我国经济的飞速发展，公众的物质生活质量逐渐得到提高，随之而来对精神层面高质量的需求也被不断提出。艺术是人类精神生活的重要方式，从历代思想家、艺术家的精辟论述中我们能窥见艺术对人本身和对社会发展的功用及价值。公共艺术属于当代艺术范畴。公共空间的艺术与社会公众产生相互影响，是体现公共空间民主、开放、交流、共享的一种精神和态度。

由于"公共艺术的任务就是在公共空间中通过对现代城市环境的艺术再创造而形成集体的审美对象"，❶ 因此，公共艺术的文化内涵及其核心，是要把置于公共领域之中的艺术活动及其建设事业通过相关的和特定的法律制度，使那些本该属于社会共同利益和权力决策范畴的艺术建设与实际运行，包括公共空间之艺术方案的征询、审议、表决、实施、使用、管理等过程，都纳入社会公共事务的民主化、法制化及程序化的运作轨道，以便使社会公民能够更为广泛、主动地参与到公共领域的文化艺术与精神文明的建设之中，使属于全体社会共同拥有的那些文化资源和艺术财富更加合理地、有效地为普通民众所享有和支配，以使公共艺术成为张扬公共精神、体现民意民心、促进公共领域的文化交流和社会凝聚的有力方式，并使公共艺术成为造福民众生活的重要途径之一。❷

因此，我们认为，解决中国公共艺术所有问题的根本，就是要努力建立一套真正体现民主观念的公共艺术运作机制和管理方法。这些有力的举措，不仅能从经济上为公共艺术的出台提供可靠的保证，也能为民主程序得以真正实施提供基本的框架。唯其如此，才能有效反对与防止少数决策者的失误，进而将大多数人的意愿吸纳到对于公共艺术的决策过程中；否则，所谓公共艺术对于我们而言，永远只是一种美好的空谈。

不过，在缺乏相应法律文件与政策时，人们完全可以借鉴国外好的经

---

❶ 孙明胜 . 公共艺术的观念［J］. 文艺理论与批评，2007（2）：62-63.

❷ 刘彦顺 . 公共空间、公共艺术与中国现代美育空间的拓展——理解蔡元培美育思想的一个新视角［J］. 浙江社会科学，2008（10）：54-55.

验，先期在一些有条件的地区（社区）进行自觉地探索，以便探索出若干可操作性强，且符合民主程序的做法与经验。在这方面，作为一种探索性的尝试，2003—2004 年，由清华大学美术学院组织发起，廊坊立邦漆公司赞助涂料，为北京市呼家楼中心小学外围墙面和朝阳区工读学校教学楼绘制的"春风行动——壁画公益活动"，可以说是一个较成功的公共艺术走入社区的范例，即由学术机构、民间自发组织筹集资金，设计制作。它从立项的孕育到具体项目的完成，一直在社会的关注之下，践行了"公共"概念的真实含义。❶ 但是，作为公共艺术实施机制的民主化，以及作为基层社区市民公共参与的必要保障，我们期待更加成熟、具体、行之有效的公共艺术管理机制的出台，以便真正使公共艺术的推进与城市环境建设、生态保护、公共文化品质的提升相得益彰。

城市建设的长远规划，涉及公共艺术管理机制问题。在各城市雨后春笋般涌现的公共艺术，大多发生于不同出资人的需要，这意味着公共艺术的产生长期属民间自发行为，只要有钱有地，无需严格申报，均可决定各种雕塑、壁画。中、小型雕塑的立项权，几乎都在基层街道社区，分别建造的雕塑、壁画往往自说自话，主题、题材、体量、形式、风格要么重复、要么对立，或互相干扰，或断绝联系，没有级差、密度、和谐化的总体调控，显得分外杂乱、零散、无序。另外，公共艺术的"同质化""非艺术化""形象工程化"和"快餐化"现象时有出现，公共艺术的创作一旦脱离了艺术的精神，成为文化的快餐和应景之作，那就脱离了它真正的使命和神圣的意义。❷ 这种局面对城市建设中理想化景观构成了巨大的破坏。由此可见，公共艺术管理亟待进一步完善机制及制度模式，力求使之在城市建设中发挥更加积极的作用。

三、公共艺术管理机制的意义

公共艺术的发展需要一定的管理机制作为载体，良好的管理及运作机制使公共艺术运作系统处于自适应状态，并成为一种充满活力的、弹性的

---

❶ 杜文涓，王勇，原杉杉. 春风吹进校园［J］. 装饰，2005（6）：36-37.
❷ 宋薇. 公共艺术与城市文化［J］. 文艺评论，2006（6）：58-59.

有机联结，它将公共艺术中的各利益主体通过一定关系组织起来，对其中的关系矛盾运用法律、规范、政策、财政等各种工具杠杆加以调节。从公共艺术运作的整体过程中所展现的内容与特征可以发现，公共艺术的实施不仅是一个艺术创作的过程，它还是一个经济行为过程，在这一过程中，公共艺术要受到经济规律的支配。在当下市场经济环境中，公共艺术的管理及运作过程更是与经济因素不可分割。公共艺术作为一种社会活动和社会意识存在，它受到意识形态、法律制度、文化环境的影响，公共艺术的管理及运行方式必须与一定的意识形态相适应，受到特定社会环境的影响，并需要一定的制度规范保障。公共艺术作为一种文化界面，它还是一种社会心理过程，它根本作用到的是人的心理，因此公共艺术管理机制应当建立在对个体的人性与动机的观察与把握之上，建立在对人的普遍群体心理特征的理解之上。

从文化进程的大视野看，公共艺术是一部宏大史诗，它与人类历史发展阶段、社会文明进程紧密相连。对个体来说，公共艺术是人的个体与公众发生关系的一种形式，是人的个体的外在形式和表现，是体现人与人之间、人与社会关系的一种文化界面和表达方式；对社会来说，公共艺术是人类社会生活的自然衍生物，一种物化了的文化形式，是人类社会健康发展的平衡器，是人与社会的精神映射和依托，代表了社会的历史与文脉传承和价值取向。在每一历史阶段，对"公共"的要求是不一样的，总的来说，"公共"即意味着非个人性质的事物。在久远的封建时代中并非没有公共空间，只不过它和封建权力合二为一，恒久笼罩于权威之下；平民与封建权力之间处于长期超稳定结构中的不平等状态，它的公共空间中的艺术形式由封建权力提供，从神秘莫测的神殿教堂、石刻塑像，到皇室建筑、牌楼碑陵，再到宗族祠堂，这些艺术形式服务于皇权、神权和封建宗族的绝对权威。资本主义社会工业革命兴起后，市民阶层逐渐壮大，人的主体意识开始苏醒、启蒙，体现为反对封建专制、要求民主权利、人人平等、私有财产不可侵犯等资本主义价值观，在这一时期，市民广场作为公共关系产生对话的空间开始形成，这一公共空间的艺术形式体现为建筑物艺术、巴洛克广场等。进入资本主义后工业时代以后，现代意义上的公共艺术开始建立和成熟，由于资本主义社会化大生产的要求，后工业时代的公共空间和公共意识都发生了改变，表现出组织严密的社会秩序和管理制度，因此公共艺术的运作机制在依托于社会生产的组织水平上得以建立，并体现为法律、条例、政策、财政、机构等各种制度形式与组织形式；在价值取向上，有限政府、资本自由、言论自由、民主监督、公共权力等现代资本主义价值观念被确立，体现于公共艺术运作机制的程序设计中；同时，工业污染带动环境保护意识的产生，公共艺术开始考虑与城市空间、与社区环境和谐相处的问题。

进入信息社会以后，由于数字信息技术特别是互联网技术的广泛使用，人类社会生活发生了巨大变革，这使得不同的社会体制之间趋向于一定的互补与融合。公共艺术的公共性和公共领域的概念即反映了民众对于公共空间的权利要求和参与意向，它与社会公共事务的民主化的进程是密切联系在一起的。❶ 信息社会给普通公民带来的最大变化，莫过于在信息"获得渠道"上的巨大平等，这在人类数千年历史上是从未有过的，网络、手机、微博的普及和流行甚至带来了信息获得上的"倒挂"——低龄人群在获得信息的渠道与速度上超越了作为社会结构支撑的中、高龄人群，在这样的社会环境下，信息时代的公共空间与公共意识产生了颠覆性变化，公共空间开始非物质化、镜像化、虚拟化，民主意识、平等意识前所未有地高涨。在信息时代尽管依然存在着阶层区分和实物占有的不平等，但是由于大众媒体的巨大效用，使得信息的传播已无法被人为阻碍，资本主义后工业时代所追求的民主形式与民主内容在信息社会中已经普遍运用，例如在公共艺术中基于公平、民主原则的作品征集与评选不再是奢望，而是被广泛采用的机制程序。在这样的社会环境和物质条件下，公共艺术反而要开始考虑民主和信息的滥用对空间环境和公民心理造成的负面影响，例如以种种借口出现在公共空间中的丑陋作品。福山曾经以"历史的终结"来论断民主社会作为人类文明发展的最高形态，但事实上，民主只是人们追求社会发展与社会公正的途径而不是目的，人类社会的发展远未终结，公共艺术及运作机制的演进和变革也不会停止，出于对社会、对历史的高

---

❶ 翁剑青. 公共艺术的观念与取向——当代公共艺术文化及价值研究 [M]. 北京：北京大学出版社，2002.

度关怀，我们现在应该开始准备对未来社会条件下公共艺术及运作机制的思考。

❈ 第二节　公共艺术的政府管理

政府在社会公共事务中的作用是全方位的，在法理上政府权力来源于全体社会成员的委托，通过选举程序和法律授权后代表公众行使公共权力，在理论上体现了全体社会成员的意志。政府根据社会需求来行使公共权力，用以处理公共事务、维护公共秩序、增进公共利益，具有权威性和强制性，并在不同社会阶层和利益群体的矛盾中调和各个方面的利益关系。在中国，这样的制度建设还不完备的社会环境中，尤其需要由政府这样的强力机构在法规、政策没有涉及的领域中及时制定机动措施与规定，避免出现社会运行的失效。对公共艺术来说，政府是公共艺术项目的提供者和召集人，公共艺术要在政府的组织或认可之下展开；公共艺术存在于城市的公共空间之内，需要按照政府所制定的政策和规划由政府跨部门、系统地整合所有相关工作，协调相关各方利益关系，并提供法律和程序保障；公共艺术的经费主要由政府提供，政府将纳税人的税收以公共经费的方式提供给公共艺术活动，因此，政府对公共艺术的作用与影响是决定性的。

在不同国家的社会与体制环境下，政府介入公共艺术的程度有所区别。例如，在部分欧洲国家的政府导向模式下，各级政府主要着眼于为公共艺术提供有限的资助和相对完善的公共服务，以政策导向来营造良好的艺术生态；在美国的市场导向模式下，政府通常不直接介入具体事务，而是通过第三方（间接管理组织）来管理公共艺术。总的来说，政府作为公共权力的委托人和城市建设的主导者，在公共艺术中主要发挥以下作用：

第一，建立连续、稳定、有效的文化艺术法规、政策和清晰明确的公共艺术规划，推动公共艺术可持续发展、合理发展。

第二，对公共艺术活动中的相关艺术机构和个人进行管理，保障艺术运作程序的公平、公正，为艺术人才的聚集与发现创造环境，协调社会公益与商业利益、个人利益之间的关系。

第三，为公共艺术投入资金，或动员非政府部门的经费投入，并对艺术资金进行监管和再分配，确保资金的合理支配。

第四，确立公共艺术领域内的各项标准，引导和影响公共艺术的价值标准和审美导向，提供有利于公共艺术发展的环境，激发、活跃公共艺术的创作氛围。

简而言之，政府在公共艺术活动中的角色、功能与作用，就是分别扮演了"立法者""管理者""投资者""引导者"的角色。在实际操作中，政府与公共艺术的"触摸"总是通过具体的、活生生的人来体现，也就是政府部门与机构的各级行政官员。行政官员的个人身份与知识背景也不尽相同，有负责政府规划、建筑、文化等职能的行政主管，也有作为相应职能部门代表的一般性政府公务员；从现实情况看，行政官员个人的职务高低、管理水平、学识修养、审美水平、对艺术观念的理解等因素都会对公共艺术的运作产生影响。

❇ 第三节　公共艺术的社团管理

社团（行业）管理主要包括艺术委员会、咨询机构、研究机构、专家学者、非政府组织、非营利组织、利益团体及大众媒体等。一般来说，社团（行业）管理不能行使公共权力，必须通过共同管理、协助管理、合理建议等合作方式参与到公共艺术的管理活动中。事实上，发达国家的公共艺术运作经验和中国的部分实践都已经证明，由于公共艺术的性质与影响涉及社会和城市发展的长远利益，社团（行业）管理发挥着重要作用。按照性质区分，社团（行业）管理方主要包括专家学者、非政府组织和非营利组织、大众媒体等。

一、专家学者

专家学者介入公共艺术的间接管理，所扮演的是专业与学术的社会角色。由于公共艺术的专业性、复杂性，以及现代艺术思想、社会观念的丰富性，政府官员在处理公共艺术事务时需要与不同专业背景的专家顾问共同协商，由专家为官员提供大量专业咨询和艺术解释作为决策依据和参考，他们的学术身份可以是策展人、艺术家、建筑师、艺术理论学者、人文历史学者等。专家学者在公共艺术管理中所体现的职能是深入探究特定城市空间的场所精神与文化意义，对艺术现象和艺术作品作出解释，为官员决策提供专业依据和理论指导，帮助官员作出正确的艺术判断，协助制定公共艺术规划方案，并对公共艺术事务提出决策意见，他们不仅充当政府学术和艺术顾问的"智囊"角色，还以间接管理方式参与到艺术管理中。

在多数情况下，专家学者很少以个人身份参与，而是由政府官员召集起来组成间接管理机构，例如各种艺术委员会，以联席会议形式对公共艺术事务进行讨论和决策，这种方式为包括中国在内的世界各国普遍采用。此外，专家学者还常常以个人或团队方式根据政府或企业委托从事课题研究、政策调查、艺术咨询，项目分析、国际合作等相关框架的专业服务。以美国纽约市公共艺术委员会为例，该艺术委员会按规定由总统办公室代表、市议会办公室代表、社区代表、地方官员代表、教育项目代表及艺术专业人士共同组成；艺术专业人士的资格要求是（但不限于）策展人、艺术指导、非营利画廊员工、视觉艺术行政人员、艺术批评家和作家、艺术史学家、公共艺术等专业人士等；艺术委员的职责是向政府提供自身视觉艺术知识，并对以下问题负有责任：首先，提议在某一艺术项目中应支付艺术家多少报酬合适；其次，讨论公共艺术品的选址和艺术概念；最后，投票表决艺术项目中的艺术品取得方式，是决定委托艺术家创作、购买一件特定艺术品，还是在可能的情况下去更新一件艺术品。

专家学者介入公共艺术管理的又一特点是人员的分散性、临时性，以各种艺术委员会为例，在实际情况中常常随着艺术项目的变化而产生人员更迭，艺术项目启动时专家们聚集在一起，这与现代企业制度采取的"项目经理制"颇为相似。

二、非政府组织和非营利组织

公共艺术一般情况下由政府发起和主导。从理论上来说，公共艺术作为一种具备文化属性与公益属性的公共物品，应当由政府提供。传统上大多数人的观点也认为提供公共物品是政府本身的职责所在，加之人们对市场与资本逐利性的清醒认识，因此政府被认为是公共物品最恰当的提供者。

但是，根据公共选择的"政府失灵"理论，某些公共物品和公共服务由非政府组织和非营利组织来提供比由政府提供更为有效，因而非政府组织和非营利组织作为政府和市场之外的"第三部门"来展开公共艺术存在合理依据。中国社会目前非政府组织和非营利组织发育尚不充分。在社会实际中，在某些非政府组织和非营利组织的面目之后常常代表了一定的利益团体，它们根据自身利益倾向，通过要求政府采取某种行动的形式，对政府的政策走向产生影响。例如美国第一个百分比艺术条例，就是在费城市的一个民间社团"费尔蒙公园艺术协会"（Fairmount Park Art Association）对政府的积极游说下得以通过的。可以说，非政府组织和非营利组织对西方公共艺术起到了巨大的促进作用，在公共艺术发展史上扮演了重要角色。

但是，由于非政府组织和非营利组织在社会结构和社会功能中与政府组织所处位置的不同，决定了它们无法具备政府那样对社会资源的调控和动员能力，因此非政府组织和非营利组织在公共艺术运作中不能独立行使管理职能，在法律保障、政策支持、经费提供、税收优惠，以及社会横向协调的诸多方面上，需要得到政府的密切配合与支持。以日本横滨市NPO"黄金町区域管理中心"公共艺术项目为例，在此项目中，首先，由横滨市政府提出"创意横滨"的政策规划，鼓励和扶持并资助非营利组织来到横滨，为非营利组织提供了活动平台；其次，政府将空置物业无偿提供给非营利组织，随后非营利组织再以极低的价格承租给艺术家，获得租金收入；最后，政府直接对非营利组织进行财政支持，为非营利组织提供了70%的财政经费。

由此可见，非营利组织站在公共艺术中的间接管理方的位置，如果脱离了政府的有力支持，它将在面临大量棘手的社会实际问题时无能为力。

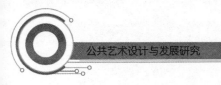

三、大众媒体

大众媒体的一般意义是指在传播路线上用机器做居间，以传达信息为目的的报纸、杂志、广播、电影、电视、网络等媒介形式。公共艺术的观念与信息总要通过一定的媒介进行传播，而大众媒体则是现代社会最普及和得力的传播载体，能够对社会产生广泛而深刻的影响，这从大众媒体被称作与立法、行政、司法并列的"第四种权力"可见一斑。由于大众媒体掌握了一定的信息传播和艺术批评的话语权力，能够对政府的管理与决策产生重要影响，以及对引导社会舆论、交流艺术思想、传播艺术知识都具有不可替代的作用，并与公共艺术形成紧密的互动关系，因此大众媒体在公共艺术间接管理方中占有重要位置。

事实上，大众媒体在公共艺术中起到了"放大镜"和"倍增器"的作用，它放大了公共艺术的思想内容和社会影响，使得更广泛的社会人群了解到公共艺术的具体内容，包括对公共艺术活动的宣传报道、艺术作品视觉形象的传递、各类专家学者发表理论观点等，总要通过大众媒体才能向社会传播和扩散；对于那些身处异地不能亲临现场的人来说，他们是通过媒体的报道来感受公共艺术魅力的，在某种程度上公共艺术是"存在"于媒体中；此外，在公共艺术的艺术批评、社会监督和信息反馈环节中，大众媒体也是不可或缺的重要一环。

❋ 第四节 公共艺术的自主管理

自主管理的主体由艺术家和策展人构成，他们大多由政府召集而来，或由政府邀请，或通过公开竞争产生，然后承担公共艺术项目的执行任务。公共艺术的操作方是公共艺术的创作者和策划者、实施者，是公共艺术的具体执行人，他们决定了公共艺术作品的内容、形式和艺术品质。

一、艺术家

艺术家是艺术创作的主体。在现实中特定的公共艺术项目总是与特定的艺术家发生直接关联，艺术作品的好与坏、成功与失败，在很大程度上是由艺术家决定的，这是艺术家的根本职责所在。艺术家的首要工作是认识美、表现美和创造美。作为特定社会人群，艺术家有许多个性鲜明的职业特色，对于艺术家个人角色和艺术使命的理解，艺术家们各不相同。一般来说，传统艺术形式对艺术家的社会角色要求相对单纯；然而在公共艺术中，由于公共艺术强烈的社会属性和公益属性，对艺术家提出了更为严峻的挑战，即艺术家在公共艺术的运作过程中必须充分认识到对他人、对环境、对社会的尊重。

当代公共艺术的一个基本特性就在于程序上的集体协作，公共艺术是一种社会性、集体性很强的艺术活动，这一特性决定了艺术家的工作性质和特点与以往有很大不同。

首先，在工作形式和程序上，艺术家在公共艺术创作过程中改变了以往独立工作的状况，必须与政府官员、策展人、建筑师、社区公众及其他人群展开协作，不能再像个人创作一样自由发挥、单打独斗，而是要以一个社会属性的人的角度自觉参与到社会集体当中。公共艺术的创作是一项连续展开的过程，艺术家在这一过程中必须学会合作、善于合作，保持对工作伙伴的理解与尊重，认真了解对方的意见，使艺术品最终能与委托方的要求达成一致，与公共空间融合在一起。这一切都要求艺术家必须适应与他人的协作关系，甚至在必要时作出妥协和让步，即使有时因为不可避免的因素导致艺术家的合理设想未能实现，也应当采取有技巧的策略来保持工作的延续。如果艺术家不能适应以上社会关系，将很难进入公共艺术的程序中。

其次，公共艺术被置入城市环境中，与城市文脉、建筑空间、环境氛围发生紧密的联系，公共艺术的介入将城市空间构成了一个赋予新的视觉形象与文化语言的有机整体，因此艺术家必须对社会意识具备敏锐的感知，充分理解城市文脉和空间环境的意义，保持对文化、空间、氛围的高度理解和阅读能力，使艺术作品与环境相协调、与社会意识相适应，而不能把自我的意识形态、思想观点、审美偏好强加给公众和社会。好的艺术能够起到推动社会进步和社会发展的作用，而公共艺术通过对人的潜移默化作用而实现社会精神的进步，因此艺术家对公共艺术的社会属性和公益属性有深刻理解和清醒认识是至为重要的。如果说应当强调艺术家对社会的责任感的话，那么这是最大的责任所在。

二、艺术策展人

艺术策展人主要是指从事一种专门根据某个艺术主题思想筹划资金、选择艺术家、组织一个展览的职业的人员。艺术策划人是现代艺术背景下的产物。❶ 在当代公共艺术活动中策展人所扮演的角色越来越突出，影响与日俱增，在西方一些著名现代艺术展如威尼斯双年展、卡塞尔文献展中，策展人负责制发挥了不可替代的重要作用。在西方社会中基金制度和艺术赞助制度比较成熟，为策展人提供了稳定的经费来源和生活保障，因此，策展人较为活跃。随着世界性的艺术交流日益频繁，中国艺术界也逐渐推广了策展人制度。

艺术策展人的意义在于将艺术家及其作品组织在一起集中展现在社会公众面前，在艺术策展人主导的公共艺术类型中，艺术策展人是艺术活动的组织者和协调人，他们的学术背景可以多种多样，如艺术史论、艺术批评、艺术管理等。一般来说，艺术策展人主要起到艺术管理、协调组织和艺术评论作用，为艺术家与社会、政府、公众提供对话和交流空间。艺术策展人往往并不直接进行艺术创作，但比艺术家负有更为核心的责任。

公共艺术是一项内容广泛、性质复杂的文化活动，对艺术策展人的个人素养要求很高。首先，策展人必须具备广泛的社会资源与人脉关系，具备丰富的艺术经验和极强的务实能力，并善于协调方方面面的关系，将各种艺术家和艺术类型与政府、公众、环境等组织、联系在一起。其次，艺术策展人要求具备成熟深刻的艺术思想，对社会意识、历史人文、公共艺术乃至对城市精神都有到位的理解，并对艺术活动的主题与内容提出独到构思，将艺术家的个人创作理念与艺术主题有机地穿插整合，形成整体大

---

❶ 朱其. 关于中国当代艺术和独立策展人［J］. 艺术·生活，2002（2）：53-54.

于局部之和的艺术效应。有时艺术策展人的思想深度，决定了公共艺术活动内容意义的上限。最后，艺术策展人还要具备一定的经济事务能力，公共艺术活动作为一种大型艺术活动所费不菲，很有可能会面临预算不足的状况，这时就要求艺术策展人能够对财政状况有良好的把握，在必要时能够及时筹措到所需款项，并对其精心管理与分配，使艺术活动能继续下去。

如果说艺术家在公共艺术中的作用像电影明星，那么艺术策展人所组织的公共艺术活动就好比导演，其复杂程度与难度远远超出个体创作，更富有挑战性，优秀的艺术策展人所体现出的感召与魅力甚至超出了艺术活动本身。在艺术策展人主导的公共艺术活动中，艺术策展人与艺术家之间形成紧密的互动关系：艺术策展人作为艺术家的召集人，为艺术家施展才能提供了宝贵的社会平台，并为艺术家提供了许多有益的便利条件；艺术家则与艺术策展人密切配合，以团队精神和合作精神完成艺术项目。在艺术策展人主导的公共艺术活动中，艺术策展人作为艺术家团队的总协调人、代理人的身份进入间接管理机构中，承担一定的艺术管理职能，又往往要为艺术品质与活动主题负责，提出自己独到的理念与构思，体现出身份"跨界"的交叉性。

第六章 公共艺术人才培养的
基本原则和能力要求

✳ 第一节 公共艺术人才的知识结构

公共艺术人才的培养是很宽泛的概念，如何解决好应用性是人才培养的关键。将高校作为人才培养基地，是公共艺术专门型人才培养最为优选的一种途径。随着我国大学教育的普及率越来越高，进入高校的学生人数已相当可观，特别是大量工科及多科性大学大量招收艺术类学生，由最初的扩招为解决人均学费收入为目的，到如今开始注重教学质量的提高，由此而利用各自学科特色并重点培养公共应用型人才。这不仅可以更好地为城市文化建设服务，更好地解决学生的就业问题，同时当学科与教育体制合理化后，人才进入创作市场，由于有好的学科背景和专业优势，有利于公共艺术建设的规范和良性的发展。

根据公共艺术设计的工作范围可将其人才的知识结构概括为文化与策划类知识、景观规划类知识、艺术造型类知识和工程实践类知识。

一、文化与策划类知识

前期的文化定位与设计策划是公共艺术项目运作程序的第一个环节，

也是极其重要的一环。其定位的准确性及策划水平的高低，直接影响着后期公共艺术实施过程中审美价值和文化品位的体现。作为一名公共艺术专业人才，文化与策划类的知识是其整个知识结构中必不可少的。

（一）文化定位

公共艺术早已不是纯粹艺术的概念，而是一个带着深厚文化学与社会学意味的综合艺术概念。它的主题与社会环境、历史环境、人文环境及自然环境的关系非常密切，具有鲜明人文指向的公共性。公共艺术的文化定位涉及一个地区的文化形态，而一个地区的文化形态由这个地区的人文历史所构成。前期文化的定位十分重要，它是设计品位高低的难点之一，它决定了设计内容与形式的内在精神和具体走向。公共艺术的创作必须植根于地区文化的土壤，和地区发展的脉络相结合，和当地居民的审美需求相适应，才能使公共艺术作品真正融入地区环境中，成为地区的一个标志。因此，设计师本人的地域历史文化知识积累，以及对不同地域文化传统和特色的敏锐感受力，都将成为作品成败的关键因素。设计师要能对历史文脉、民族文脉、地域文脉、时代文脉等诸多设计元素进行准确提炼，且提炼后的元素符号要能够准确地反映和概括当地的文脉精神。设计人员只有在对地区历史文脉的全面理解和把握的基础上进行创作，才能真正体现公共艺术的艺术价值和精神价值。❶

在公共艺术建设中，每一个实际的项目都可以从文化的角度找到一个根，通过文化来对城市进行建设。艺术将如何体现当地文化、历史、民俗民风？怎样与公众产生共鸣？怎样在公共空间环境中形成一个城市的文化聚焦点？这是在前期定位阶段所应考虑的首要问题。对公共艺术设计人员来说，首先要了解中国的传统文化，对文化的分块进行全面学习，要更多地感知中国传统文化的博大精深、源远流长、兼容并蓄、和而不同，了解中国文化的特征，如儒、道、释的形成与传承。这就要求我们教师在教学中不能只是单一地对学生进行造型等基本类型的教育，要打破现有学习框架，注重中国传统文化艺术的教授与研究，培养他们对传统诗词歌赋精品

---

❶ 黄礼婷，邹瑾，李科栋. 公共艺术［M］. 成都：电子科技大学出版社，2019.

和经典山水字画、雕塑作品的鉴赏能力，鼓励学生创作具有中国传统文化特色的艺术作品，提高学生的人文知识的修养和对艺术的领悟。

（二）策划与调研

艺术需要策划，公共艺术更需要策划，要走艺术与环境结合、与建筑结合、与规划结合之路。做好前期策划，说服建设方按照切合实际的思路去进行公共艺术的建设十分重要。

在进行公共艺术项目的策划时，首先应进行前期的调研工作。调研的内容应包括以下几个方面，如图 6-1 所示。

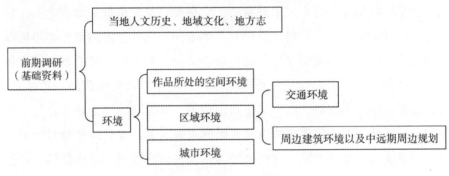

图 6-1　前期调研内容

1. 资料的收集

这一阶段工作要细，要收集当地地方志和相关历史、文化、经济、建设规划体系，以及风土人情、民俗文化、当地气候等全面的第一手资料。

2. 实地踏勘

首先是地区整个建设的印象，包括地域建筑的风格、地区规划、地区保护概况，以及所要设计区域及周边环境分析、未来周边建筑建设预测分析、交通流线分析等。这一环节主要是树立宏观的区域概念和尺度概念，并且要进行多角度的照片资料收集，该环节能够给初步的设计思路提供一个可参照的依据。如果是汇报方案，这部分资料也是必不可少的。因此，这一环节的调研工作要认真、细致、全面，以免影响设计和汇报方案。

在接触实际项目的开始就追根溯源，对作品面对的社会环境、历史环境、人文环境及自然环境进行实地调研，重点梳理收集当地地方志和相关历史、文化、经济、地区建设规划体系及风土人情、民俗文化等全面的第一手资料，形成文本性资料作为设计依据。利用当地文化资源寻求最重要的文化主题，并将其作为文化载体在公共艺术中予以展示。虽然它最终体现的成果是文字化的设计说明，但是在成果形成之前需要设计人员经历完整的、系统的工作步骤，所以这部分内容不仅体现为设计人员较强的文字撰写能力，更体现为其对整个项目的架构能力。

由此可见，文化及策划类方面的综合修养成为一个从事设计工作者长期需要积淀和不断学习的方面，也是设计层面所应关注的首要问题，它是解决公共艺术设计中文化定位及创作风格、宏观城市精神和创作雅俗共赏作品的前提。

二、景观规划类知识

公共艺术的环境美学特征主要集中体现在：环境规划的合理性、空间的尺度美感、与公共环境的融合美。公共艺术必须讲究对环境艺术的衬托，如果创作者不懂得从空间角度进行安排与转换，不懂得从环境角度营造公共艺术与周边环境的有机融合，那这样的作品就无法达到预期的效果。公共艺术在主题内容、表现形式和空间尺度等诸多方面均表现出环境掣肘和融通的特性。环境制约公共艺术，公共艺术同样能影响环境。它们之间是一个有机联系的整体，公共艺术起着凝聚、维系空间的作用，并作为人与环境交流的媒体。公共艺术的创作要紧密结合所在的空间环境的各种条件，形成统一的整体。

然而纵观当前的公共艺术教学，由于较少地纳入规划、环境、建筑、园林等课程，相当数量的艺术人才不懂环境，地区规划方面的综合知识不足，总体环境意识淡薄，在景观的设计和实施中不时出现纰漏和偏差，造成公共艺术与空间环境的不协调，无法满足时代发展的需求。此外，建筑师在设计环境时，往往没有考虑设置雕塑等公共艺术作品，只是若干年后，由于某种特定原因觉得应该有公共艺术作品，但却没有相应的摆放位置和观赏空间，由此出现了大量与公共空间不相吻合的公共艺术品。

总之，公共艺术要走艺术与环境结合、与建筑结合、与规划结合之路。要熟悉地区景观规划的基本常识及基本原理，善于和规划师、景观师相互探讨雕塑设计的整体空间设计关系和尺度控制，这是一个公共艺术建

设人才需要具备的基本素养。

（一）建立公共艺术的环境观

公共艺术与空间环境有着千丝万缕的联系。基于此，公共艺术与空间环境的联结由表及里，既反映在作品的尺寸、色彩、形体等表层要素同空间环境发生的联结，又体现在作品主题、内容、审美观念等深层要素同空间环境发生的联结，为了使作品同空间环境发生良性的协调与互动，要特别注重公共艺术作品同空间环境的联结。公共艺术的环境观如图 6-2 所示。

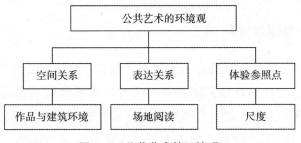

图 6-2　公共艺术的环境观

1. 表层要素的联结

公共艺术是空间的艺术，它和空间环境有着密切的联系。公共艺术存在于特定的空间环境中，是构成整体环境的有机组成部分，特定的空间环境是创作公共艺术的基本出发点。公共艺术的表层要素是给公众美感的第一印象，应充分与空间环境的各种造型元素相吻合，使两者达到高度的统一，从而形成一种意境。空间环境的尺度、色彩等因素制约着作品的尺度、色彩、材质等表层要素。可以运用虚实对比、高低对比、大小对比、色调对比等手法，在空间环境中产生层次的对比，从而产生美感，表达出特有的空间环境意境。❶

2. 深层要素的联结

公共艺术凝聚着一个地区的历史文化和精神，不同地区的文化背景赋予公共艺术作品特有的文化内涵。公共艺术作品必须在主题内容、文化意

---

❶ 钟家立. 城市雕塑与空间关系研究［D］. 合肥：合肥工业大学，2010.

识、思想感情等深层要素同空间环境取得密切联结，这样才能使作品获得生命力，才能完全融入所在的空间环境，从而达到作品同空间环境的整体和谐之美。公共艺术的深层要素同空间环境的联结有两个方面：一是沟通，使公众通过视觉体验获得一种文化意义上的直接信息沟通，使公众不仅在欣赏过程中能得到一种美的艺术熏陶，而且促进公众对所在地区的认识。二是同构，即通过沟通交流，从而对空间环境有更深刻的认识，使公众产生一种融入地域的强烈愿望。

由此可见，公共艺术与空间环境的关系处理尤为重要。公共艺术设计人员应充分注重与环境的对应关系，以环境意识寻找艺术表现形式，由形式决定内容，满足实际环境的空间需求。

（二）建立公共艺术的尺度观

公共艺术的空间尺度问题是每一位艺术家在创作中都要面临的一个重要课题。空间的尺度美感也是实现作品美学特征和艺术价值的基本保障。在公共艺术领域，尺度的概念不是指作品本身的尺寸和大小，而是指作品自身的尺寸、体量、造型等表层要素方面给人们视觉上的尺度感受。公共艺术的尺度、体量设计是能够传达作品精神内涵的关键。公共艺术与环境尺度的关系，主要表现为公共艺术与建筑间的空间关系、公共艺术与区域中人的视觉关系，抑或公共艺术创作本身结合环境特点所营造的尺度与体验。

1. 空间环境尺度

公共艺术作品所处的空间环境的规模是影响作品尺度的重要因素。当一个正在制作泥稿大样的公共艺术作品置于工作室时，在这相对封闭的空间环境中，我们会感到这组作品非常宏伟高大，但是一旦放置室外广场等开放空间环境的时候，情况会马上发生改变。另外一点，公共艺术作品的类型、功能、主题及在空间环境中的位置，也是影响作品尺度的重要因素。

2. 人的尺度感

在创作公共艺术作品的时候，一定要有良好的尺度感。人的尺度感的获得，主要来自人体本身的尺度与客观世界物体的对比。当这种对比达到一定数量的积累的时候，就会使人产生对某种类型物体的固有尺度概念，从而形成特有的尺度感。视觉是人们感知周围世界的最主要方式，探寻视觉的感知规律，对公共艺术的创作是非常重要的。按照人眼的正常结构，人的眼睛在水平方向的视野是 120 度，在垂直方向为 130 度，其中以视平线以上 60 度较为清晰。在外部空间，人的最大步行距离为 400～500 毫米；能看清对面人的面部表情最大距离为 20～25 米；能看清事物细部的最大距离为 70～100 米。了解这一系列人的相关参数，对公共艺术的尺度确定提供一定的依据。

3. 主要观赏位置

公共艺术在空间环境中存在着一个最佳的观赏角度和观赏面，在设计时应充分把握合理的观赏视距和视角，从而取得最佳的尺度。19 世纪，德国著名的建筑师麦尔建斯规定了 18 度、27 度、45 度视角的基本含义。这虽然是针对建筑物而提出的，但同样适用公共艺术，尤其是雕塑设计在具体的设计中，要充分考虑受众在进入空间环境时，视距为作品高度的 2～3 倍的距离时（即 18～27 度的视角），其对作品获得印象最深刻。为了达到作品的最佳空间效果，可在作品高度的 2～3 倍距离处设置供人们逗留的空间。❶ 可见，根据这一理论上的规定并结合外部空间的具体情况，我们就基本上可以推算出公共艺术的最佳高度和视距。另外一些有经验的艺术家，在实地对空间环境测量的时候，往往采用竖立竹竿或放气球的方法来确定最适当的作品设计高度，或用目测的方法来估算作品的高度，这些直观的测高方法是简便有效的。

公共艺术设计师应结合建筑特色、建筑腹地尺度及周边环境特色，因地制宜地安置公共艺术的植入点位，这是作品和环境需求双赢的选择。同时，对地理和物理关系的参照之外，对场地与艺术尺度的设定，还必须考虑到在空间中人的活动尺度，以及这些具体的尺度构成结果所达到的人的体验认知，这样才能真正做到与空间环境的整体和谐。

由此可见，在对公共艺术人才培养的教学中，不能只是单一地对学生进行造型、技法等基本功的培养，使学生的能力局限在对形体的临摹和结

---

❶ 白佐民，艾鸿镇．城市雕塑设计［M］．天津：天津科学技术出版社，1985.

构的分析上，而要为学生开设城市规划、环境景观、中外建筑史相关课程，引导学生从单纯的造型设计发展到空间设计，融入环境意识，树立大局观、整体观和设计观，以及公共艺术和相应竖向构筑物的尺度感。例如，西安建筑科技大学城市雕塑专业就为学生开设了"城市雕塑与环境综合设计"课程，具体内容包括雕塑创作的方法、城市雕塑在地域文化中的地位、城市雕塑与环境的关系、城市雕塑创作的全过程系统理论分析与设计实践、雕塑与环境设计的综合效果图表现技法。该课程不仅是雕塑专业的专业主干课、综合学习与实践的专业课，也是学生在毕业创作前综合性的专业课程训练与检验。通过该课程的学习，提高了学生综合能力的运用。

三、艺术造型类知识

艺术造型相关知识在公共艺术教学体系中处于重要的基础地位。造型基础知识中的"基础"不仅指造型基本技能，还应是造型技能、造型理念、造型素质的结合，其目标在于培养和提升设计造型活动及发挥创造能力所必须具备的基础知识和基本技能，同时有效地加强学生的设计表达能力和对于空间的理解能力。艺术造型大都离不开平面与立体、空间与环境、具象与抽象等基本形式，它们以优美的形体、绚丽多彩的造型、通俗丰富的图案语言赋予其生命，并加以对材质的合理运用，使其表现得淋漓尽致，并因材制宜，赋予设计的物体以寓意、象征、夸张等多样性的造型艺术语言。

四、工程实践类知识

公共艺术价值的实现是通过工程项目的实施来完成的。整个实施过程是全面的工程设计与工程实践的体现，离不开材料与施工工艺、建筑构造等相关工科知识的有力支撑。

（一）材料及施工工艺知识

设计专业的学生学习和掌握本专业设计领域的材料知识，是搞好本专业设计的基础。因此可以说，材料的加工制作是艺术家思维的延续，是对作品的进一步再创造。材料的选择运用恰当与否，是衡量设计可行与否、设计优劣成败的标准和重要因素。

罗丹曾说过："对于雕塑家而言，艺术的生命就是从材料里生长出来的。"从中可以看出材料对于公共艺术品的重要性。公共艺术大多都是置放于室外的公共环境空间中，具有永久性特点，其材料的重要地位是不言而喻的。这样就要求学生在掌握理论及设计思维的同时，也要掌握一定的对材料的实际操作经验。只有掌握了材料的各种属性，才能更好地将设计思维用合理恰当的材料表现出来，而相得益彰的材料可以使设计思想表现得更精彩。如果不了解材料，而只顾及图纸上的造型、色彩设计，有时会给制作带来很大的麻烦，甚至不能实现图纸的构思，造成人力、物力的浪费。所以，学习主要材料的制作方法是非常必要的。通过熟知材料的肌理、质感、色泽、性能、耐腐蚀性等特性，以及它们在施工工艺中的技术手段，如雕刻、塑造、锻造、合成等施工步骤及部分材料间的搭配使用，为以后的设计、施工工作打下坚实的基础。

（二）结构工程知识

好的设计需要有好的工程技术进行支撑，否则再好的方案，如果结构上实现不了，也只能是纸上谈兵。设计的完善不是公共艺术作品的最后完成。等方案彻底确认后，就要进行基础施工图及施工结构图的设计。在加工和安装过程中，力争最大限度地将公共艺术与成型技术应用结合，才能最终呈现完美的作品。

很多公共艺术作品，尤其是一些标志性雕塑，往往体型庞大、造型奇特，为一座大型复杂建筑。而公共艺术作品大部分都是异形结构，没有标准图可参照，只能根据具体的造型确定结构形体的材料及用量。形体加固并不是用材越多越结实，更重要的是结构的合理性与科学性。因此对公共艺术人才来说，除了掌握以创造性思维为核心的专业知识技能，还要掌握覆盖建筑构造、建筑结构、建筑物理等广泛的知识领域，以解决工程中多种技术和艺术问题的潜在矛盾，使设计出的作品更具科学性和可实施性。

✦ 第二节 公共艺术人才的能力 要求和素养要求

一、公共艺术人才的能力要求

公共艺术人才需要具备各种能力，主要包括创新能力、艺术造型能力、设计表达能力、沟通协调能力、艺术鉴赏能力等，如图6-3所示。

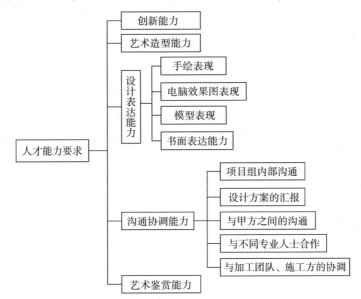

图6-3 公共艺术人才能力要求

（一）创新能力

公共艺术的丰富内涵要求在人才知识结构上体现复合型与交叉型的同时，更重要的是具备一种创新意识。21世纪是以知识和科技不断创新为特征的知识经济时代，社会发展需要的是具有创新性综合素质的艺术设计人才。创新是艺术设计活动的生命，所有的设计活动都是以创新为主的创造性活动。因此，对学生的创新能力培养已成为公共艺术设计人才培养的首

要任务。

设计的生命力源于创造，创造是实现设计差异性的途径。创造性思维是艺术设计创造力的核心，是推动设计不断进步的重要动力。爱因斯坦曾说："人的想象力要比智力更重要。"设计师是从事创造性劳动的人才，设计不应是重复、再现，设计中的创意性是设计作品的灵魂，是设计成功与否的关键。设计师具备创造性思维能力，就有了抛弃旧思维方法，开创不同方面的思维能力，也就有了创新意识。设计师具备强烈的创新意识，在具体的设计工作中，就能表现出相当的独创性，对于问题的研究，易产生不同寻常的反应和不落常规的联想，从而按照新方式对过去的东西重新加以组织，设计出全新的东西。

创造性思维的关键在于多角度、多侧面、多方向地发现和处理事物。在公共艺术人才创造性思维的培养过程中，我们应重点关注以下几个方面：第一，多向思维，即发散思维或扩散思维。在对某一问题或事物的思考过程中，不拘泥于一点或一条线索，而是从已有的信息中尽可能向多方向扩展。在思考时尽可能多地提出一些假定、假设及不可思议的因素，从新的角度思考自己和他人从未想到过的画面样式。第二，侧向思维。"他山之石，可以攻玉。"要敢于跳出本专业、本学科的范围，摆脱习惯性思维，侧视其他方向，将注意力引向更广阔的领域。从其他领域如音乐、诗歌文学、建筑等得到启发，形成设计的创造性设想，用侧向思维来产生创造性的突破。第三，逆向思维。反其道而行之，往往会获得意想不到的效果。❶

因此，高校艺术设计类专业应避免形成从众思维和从众个性的教学模式，要用多元化的创新角度去评价和管理设计教学，注重更多地运用讨论式、发现式和启发式教学，来调动学生学习的主动性和主体性，从而更好地发挥学生的创造性，培养创新能力和创新精神。只有设计创新能力得到真正的提高，才能够说明我们人才培养的成功，它是使设计能够发展的灵魂与不竭动力。

---

❶ 黄勇，张伶伶．建筑创造性思维的向度［J］．建筑师，2004（3）：36-37.

（二）艺术造型能力

创作需要有较好的造型基础，提高学生的造型能力可以促使创作质量的提高。具备坚实的造型基础，是为了让学生能用专业艺术手段塑造艺术形象。在平时的教学中应注重传统雕塑专业和教学中技能的培养，以及一些基础能力如结构、人体、造型能力的培养等，以确保在制作过程中把握形体的准确性，彰显作品丰富的艺术内涵。在公共艺术的基础上，可以把创意基础课与雕塑的泥塑基础课程联系在一起，从开始就有意识地加强从平面到空间立体创意的过渡。在这样的特色课程中，学生可以实现造型基础与创意训练双丰收，还能获得比传统教学更好的效果。

（三）设计表达能力

设计表达能力是一个设计师应该具备的能力，需要有一定的表达手段。这种手段表现为由手绘草图到电脑效果图绘制，再到立体模型制作等三个过程。这种表达能力在公共艺术设计中非常重要。表现效果的好与坏，即直观视觉效果如何，决定着设计方案能否得到建设方的认可，也是设计方案能否投标中标的一个关键环节。

在设计构思确立下来后，设计师要寻求能体现设计意图的表达来进行设计表现。需要熟练掌握的"图示语言"表达能力包括快速手绘能力、电脑效果图制作能力、模型制作能力及书面表达能力。

1. 手绘表现

手绘表现是设计前期的基础阶段。一幅完美理想的效果图，首先应手绘出精准的雏形，扫描后输入电脑中，在电脑上进行材质、体量、色彩等方面的调整和修改，使之和整个环境融为一体。手绘初稿可以说是效果图的母体，也是设计的母体。

在一个设计的前期，尤其是方案设计的开始阶段，最初的设计意象是模糊的、不确定的。通过草图的快速表达，可以将设计过程中有机的、偶发的灵感和设计思考记录下来。艺术造型的基本形态、材质、色彩、与环境空间的对应关系也可以通过手绘进行初步表达、调整。同时快速手绘可以帮助设计师更好地将自己的设计观展现给建设方，在与建设方进行初次交流时，快速手绘是很重要的。因为设计师可以根据建设方的

口述画出大体效果，也让建设方有个初步的了解，然后在这个初稿的基础上再对建设方提出的要求进行改进，这对促进设计师与建设方的交流很有帮助。

手绘初稿往往是正式表现图的蓝本。在专业能力的培养中，不仅要训练学生精通三维效果图的制作，还要着重培养他们掌握把设计构思表达出来的基本功。手绘表现技法的训练，可以提高学生形象思维的能力、艺术想象的能力及表达空间的能力，使学生能够快速、简捷地设计出一张效果图，从而为电脑制图打下良好的基础。

2. 电脑效果图表现

电脑效果图能够展现作品置放于真实环境或模拟真实环境中所呈现的视觉效果，是投标过程中业务竞争必不可少的步骤。效果图制作是很重要的一个环节，在草图方案设计阶段再好的构思往往在这一步才能得到体现。使用电脑进行设计及后期的加工处理，可将二维空间转换成具有立体感的三维画面，从各个角度推敲方案的造型、体量、比例、尺度等各方面的效果。原则上在效果图制作上应尊重实际环境条件，最好是根据现场实景拍成照片进入电脑后进行合成处理，可形象逼真地模拟出方案使用某种材质，以及在日光、夜景各种视觉条件下的效果，有利于设计人员对方案进行反复的推敲和修改。如对雕塑作品来说，可按一定比例将雕塑融入环境中。如果雕塑环境是新设计的，如城市广场中的雕塑等情况，可直接将设计效果图拿来并将雕塑融入其中。选择角度和构图一定要恰当，以确定雕塑的突出地位。

电脑效果图能较准确表达设计方案，使设计师和非专业人士都能提前清楚地看到项目建成后的效果、概貌，在方案的形成、修改与确定的过程中起到非常重要的作用。由于效果图所特有的直观视觉效果，便于设计师与建设方进行沟通与交流。

3. 模型表现

大多数情况下，在效果图完成后，设计阶段就算告一段落。但由于公共艺术是一个三维的立体效果，对于重大的公共艺术设计方案，在设计阶段往往还要按一定比例做相应的模型。如果必须做模型，一定要根据设计的具体体量尺寸进行相应缩小的比例模型制作。模型制作阶段有条件的应尽量做得精致一些，因为在评审方案阶段多数评委是一些行政干部，他们对视觉效果要求较高。模型的表面效果都应做得真实一些。

在具体的塑形过程中，严格按照传统的泥塑工艺，先制作小比例模型，以便推敲作品四个方位多角度的空间关系。有许多方案在平面及效果图阶段从一个方向观赏或许视觉效果很好，但另外几个角度可能会出现不尽如人意的地方。因此，小比例模型的制作阶段也是一个非常重要和不可或缺的设计环节，是验证和完善设计思路的过程。这一阶段可解决多角度观赏中的造型美感问题。一旦模型定位后，接下来就要制作1∶1原大泥型，并要有专业雕塑家亲自动手制作与塑造，以确保雕塑的艺术效果和作品质量，同时请建设方到泥型施工现场进行确认验收后，再进行下一步翻制工作。

4. 书面表达能力

在公共艺术设计人员的工作范畴内，书面表达能力主要是针对设计文本的撰写而言。设计文本是评价方案的关键一环。再者，面对面的沟通机会，不是每个个案都存在的，而每一项设计项目，又存在着多样性和复杂性。因此，设计文本是公共艺术方案设计阶段成果的重要体现。好的方案设计，必然要有规范的文本将所设计的成果充分展示出来。虽然它最终体现的成果是文字性的设计说明和图册，但在成果形成之前需要设计人员经历完整的、系统的工作步骤。所以，这种能力不仅体现为文字的撰写能力，更体现为设计人员对整个项目的整体安排和架构能力。

然而，目前在国内大部分的公共艺术设计单位，往往喜欢单刀直入的公共艺术方案设计，对于规范的文本格式和汇报不够重视。在方案的汇报时，只有简单的几张效果图，对于具体详尽的设计内容往往说不清，所设计的方案和实际环境往往对不上。方案设计和实际状况相去甚远，往往使得与会的评审专家无法进行准确的评判。因此，规范的文本格式也是设计过程中必须认真对待的一个环节。以城市雕塑为例，其文本组成内容如图6-4所示。

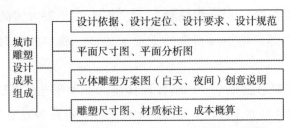

图6-4 城市雕塑方案设计阶段成果组成内容

(四) 沟通协调能力

艺术设计是一种市场行为，是由消费者、设计师和设计委托人（客户）共同构成的"经济体"。设计师被称为"将艺术与市场结合在一起的人"。设计师不仅要具有把计划、规划和设想通过视觉的形式传达出来，实现艺术与技术完美结合的能力，而且应具有较强的沟通能力。设计完成得完美与否，沟通协调备显重要。❶

在公共艺术建设中，学科综合性、交叉性特色显著。公共艺术建设的总负责人应善于与其建设过程中相关的学科、加工团队真诚合作，最终达到公共艺术建设的一流水准。公共艺术的范围变广，决定了艺术家不可能再闭门造车，必须善于与景观设计师、结构工程师、建筑师、规划师等不同的专业人士合作。

任何一项公共艺术的建设都是一个繁杂的项目，并且通常是处于十分复杂的社会背景下。一个完整的设计项目，从方案创意到工程实施再到落地完成，往往是多角色、多部门协同完成的。并且在公共艺术建设的各个环节中，各角色、各职能因出发角度、思维方式的差异不可避免导致观点的不同，甚至迥异。因此，需要设计人员具备良好的语言表达、娴熟的交际和协调能力，在不同的环节面对不同的人物应对不同的问题，做到内外、上下、左右实时沟通。

公共艺术建设中的协调、沟通和交流能力主要包括几方面：第一，设计过程的初期阶段，项目组内部设计人员之间的沟通。第二，在完成设计方案之后，使用语言逻辑清晰地展现自己的创意。第三，与建设方之间充

---

❶ 林志远. 艺术学特征研究 [D]. 北京：中国艺术研究院，2009.

分详细地沟通，联系和引导客户。这两个方面是得到客户的认可，双向的说服阶段。第四，与其他设计工种的通力合作，如与其他设计工种的交流，与景观设计师、结构工程师、建筑师、规划师等不同的专业人士合作，与加工团队之间的协调。第五，接受公众的检验、评价到认可的收官环节，设计师与大众之间通过作品的沟通。

成功的设计最终检验的是能否得到大众的认可，其是依托作品为桥梁的深层次设计沟通。

（五）艺术鉴赏能力

审美活动是极为复杂的心理活动，是感知和理性、认识活动和情感体验交叉进行、重叠发展的过程。艺术鉴赏能力是审美能力的发展，是对审美对象进行鉴别与评价的一种能力。公共艺术人才需要具有较强的美术设计和造型能力，要不断关注其他文化和艺术风格、流派的发展，建立起良好的个人艺术情调和审美趣味，并在新的技术、新的发明之中汲取营养。公共艺术人才还要具有一定的政治、哲学、历史、天文和地理等方面的知识，具有广博的文化素养。

二、公共艺术人才的素养要求

所谓素养，即指人在先天禀赋的基础上，通过教育和环境的影响形成的适应社会生存和发展的基本品质及潜在能力的总称。同时，它也指一个人能正确认识周围环境事物而生存，并挑战其环境事物而自觉贡献和服务社会的能力。

公共艺术教育不仅要为社会培养合格的专业技术人才，还要使学生成为有社会责任感、有互助精神、具有创造力的和谐而独立的个体。具体来说，素质一般包含道德素质、文化素质、健康的身体心理素质等内容。

（一）职业道德——树立正确的社会责任感

从广泛的社会层面来讲，设计人才必须具有社会道德感，树立正确的责任感和价值观。设计师是社会的工作者，在实现艺术理想的同时，也要树立用艺术创造去服务人民、回报社会，承担起艺术为社会进步、为中华民族进步的责任感。

然而，纵观当代，太多的艺术家更多地将公共艺术的文化艺术性与个人的艺术创作相对立，把个人的艺术创作视为个人的艺术生命与追求，而把服务于人民大众的公共艺术视为经济来源的渠道，从而降低和削弱了公共艺术创作热情和投入的精力。在当代文化交流日益频繁的环境下，作为一个有理想有抱负的艺术家，应有服务人民大众、传播人类文化与文明的责任感和使命感，为全面认识中华优秀传统文化思想价值和开展优秀传统文化教育普及多作贡献，充分发挥文化引领时代风尚、推动中华文化走向世界的重要作用，增强中华文化在世界上的感召力和影响力。

艺术家做艺术，更要做文化，要敢于担当。在当下文化交流日益频繁的环境下，文化传播、文化推广成为一个不可回避的问题。向国外传播我们的文化价值、艺术形态，让世界上更多的人了解中国文化，这必然成为当代艺术家的一个重要责任，也是我们应建立的正确的公共艺术人才观。在实现自己价值的同时，也要承担起艺术为社会进步、为中华民族进步的责任，这是公共艺术设计师应该做的，也是时代赋予我们的责任。

（二）全面的文化修养

教育部早在1999年下发的《关于加强大学生文化素质教育的若干意见》中就明确指出："我们所进行的加强文化素质教育工作，重点是指人文素质教育。对大学生加强文学、历史、哲学、艺术等人文和社会科学方面的教育，以提高全体大学生的文化品位、审美情趣、人文素养和科学素质。"文化素质教育这一教育理念，已经逐渐成为社会各界的共识，成为素质教育的重要组成部分。

中华民族历史悠久，精华荟萃，积淀着几千年的文化。没有文化根基，驾驭艺术设计时就难以达到纯熟的境界，难以挖掘艺术的深意，充其量只是艺术殿堂里的巧匠，而非大师。一个优秀的艺术设计作品，不仅要承载设计师的情感与理念，在视觉上给人以美的享受，更重要的是设计师要赋予作品深厚的文化内涵，只有这样的设计才能产生深刻而持久的影响。在设计作品中注入相应的文化内涵，已成为增强艺术设计作品感染力不可或缺的手法。倘若设计人员对本民族文化要素和特色缺乏深入了解，但又试图透过设计来传递文化理念，那结果就会如同水中捞月一般。因此，艺术设计教育必须要与人文精神很好地融合。

然而，目前的公共艺术教学缺乏对于现实文化的整体关注与对话。不论是现行课程设置、教师观念，还是教学实施等方面，都受到以往的"艺术至上"为主导的观念影响，未能表现出对文化层面的关注和对公众心理的尊重。授课教师受架上艺术和学院教育的影响，在教学中也不自觉地囿于原有的授课方式，强调艺术作品自我意识下的表述，而对公共社会的普遍理想与恒久性的文化精神的关切和传达显得十分薄弱，忽视了公共艺术与当代本土社会形态和一般大众的生存状态的关联。❶

对此，中国传媒大学影视艺术学院院长李兴国就指出："艺术大学培养的不是工匠，而是有独立思考能力、创造能力的艺术人才，没有文化素养的人，在艺术的道路上肯定走不长。"因此，就公共艺术设计工作者而言，需要具备文化素养，且是多样性的文化素养，表现在古今中外各门类、各学科的知识的积淀和学习。而作为艺术设计教育的工作者，更应将传承文化视为己任，在教学过程中引导学生提高文化素养，培养学生正确的价值观念，同时懂得尊重不同价值和文化背景的文化艺术，养成一种积极开放、努力汲取世界上一切优秀文化成果的心态。❷

（三）身心素质——坚韧不拔的事业进取心

健康的心理素质是指个体在各种环境中都能保持一种良好的心理状态，能在逆境中崛起和奋发向上，正确认识现实生活中的种种矛盾，从而产生实现理想的顽强毅力和奋斗精神，成为既有明确的生活目标、高尚的审美情趣，又能创造并热爱生活的人。现代社会信息量急剧增长，社会竞争日趋激烈，对于人的心理品质、适应能力也提出了新的要求。诸多优秀的设计师的成长经历和设计实践证明，设计人才成功与否与人格、意志等心理品质培养密切相关。人格的培养与发展越完善，就越能发挥其聪明才智。几乎所有著名的设计师在求学中都拥有广泛的兴趣，强烈的求知欲和

---

❶ 沈烈毅. 公共性·艺术性——探究公共艺术与公共艺术教育之内核精神 [D]. 杭州：中国美术学院，2011.

❷ 李丽. 探析艺术设计教育中的文化素养 [D]. 长沙：中南大学艺术学院，2007.

进取心，坚强的意志，有勇敢和抗挫折的心理承受能力及一丝不苟等良好的人格特征。

公共艺术项目的运作和实施是一个极其复杂和艰苦的过程。与绘画艺术家独立完成制作一件艺术品不同，公共艺术是一项整体协作的系统工程。从创作层面上来说，他们是艺术家；但从加工制作方面看，不如说他们是全能的工匠。艺术家首先是优秀的画家，其次便是出大力流大汗的能工巧匠。大型公共艺术作品往往是异形结构，体量巨大，工程之浩大、繁杂堪比一座建筑，从设计放稿至加工制作都有严格要求。其间还会遇到诸多意想不到的难题和困难，如方案阶段的多次易稿和论证、泥稿阶段的反复修正、加工安装阶段的技术难题等，往往会打击设计者的积极性。因此，在对公共艺术人才的培养上，应加强学生坚韧不拔进取精神的鼓励和引导，培养学生积极进取、奋发向上、坚毅顽强、吃苦耐劳、谦虚谨慎的个性心理品质。公共艺术专业的自身特性决定了对学生的素质培养，既包含大学生的基本素质，如对学生乐观精神、心理平衡能力、适应能力等的培养和教育，同时它也对该专业的学生提出了必须具有事业进取心的更高的要求。要抱着一定的事业心去攻克每个难关，绝不可就事论事。进取的道路并非一帆风顺，总要有泥泞、有艰险，要敢于向困难挑战，不急不躁，加强实干精神的教育，引导学生把进取目标与脚踏实地的苦干精神结合起来。

✻ 第三节　公共艺术建设人才培养的基本原则

公共艺术建设人才培养对于公共艺术的发展而言至关重要，公共艺术建设人才培养主要需要遵循以下几个原则。

一、"以人为本"是公共艺术建设人才培养的核心

中国美术学院公共艺术学院院长杨奇瑞说："在中国美院公共艺术学院里面有一个专业方向叫作公共艺术策划，讲的就是公共艺术与公共人群

的关系。它不是技术层面上的教育，公共艺术说到底它还是一个文化作用于人的东西。"公共艺术是一种理念，是一种思想，这些理念反映在教学中就是培养人的方式不是以一种技术训练到底，而是跨界、多元、综合，把艺术的自由思想和公共艺术创作的理念融合在一起，从以往艺术学院技能技术的培养、学习方式，到今天以思想和技术的交融方式来培养人才，公共艺术的发展与其存在的社会背景有着紧密的互动关系。公共艺术包含的时代性与公共性的社会属性，决定了其设计艺术教育的创造性与多元性。然而，在我国设计艺术教育领域又没有可照搬照抄的现成模式。通过公共艺术人才的培养及公共艺术设计中以人为本设计思想的培养，来形成城市建设可持续性发展的良性循环，这才是公共艺术人才培养的核心。

每个社会都有其发展的轨迹与脉络，这是不以人的主观意志为转移的社会发展规律。我国目前正处于社会转型期，社会阶层有了新的划分，并形成了不同的形态。当今文化是以多元化、平民化的形态呈现的，其中公共艺术就是以社会公众服务为对象，并以不同的存在方式表达对公众生存环境的审美提升与人文关怀。

所谓公共艺术，它是一种具有当代文化意义并且与社会公众发生关系的艺术。舒尔兹曾给场所下了这样的定义："场所是具象化人们生活状况的艺术品。"现代城市空间是为生活在城市中的普通人而设计的，他们是具体化的、富有人性的个体。一个场所设计的价值和意义不只体现在其视觉品质中，它还体现在人、自然与设计场所之间一定要有某种适当的交流。作为一种具体实在的艺术作品，公共艺术设计要满足自然生态系统的要求，满足人类功能与经济上的具体要求；同时，作为一种抽象艺术，它要能激发人们的感情、想象力和激情，为人们提供积极健康的精神动力。

现代公共艺术的形式和风格已愈加趋于人性化、生活化、环境化，更具亲和力，其意义不只在于提供给人们一个富有文化修养与内涵的生活环境，还在于它凭借着艺术家与民众间的双向互动，在其产生的过程中，引导大众使用不同的观察与思考方式，亲近艺术，进而关怀艺术，甚至利用各种形式与机会融于文化艺术活动和氛围之中。公共艺术设计从本质上讲是一种追求人与自然之和谐、追求现实生活平衡的环境艺术。

由于中国人口密集的城市越来越多，城市空间被慢慢吞噬，那么矗立在城市公共空间中的公共艺术就更应该具有人性化，符合社会的发展需求，满足公众的审美要求，这样也才能保证不浪费城市公共空间的资源去建设那些没有意义的作品。今天，我们提倡在公共空间中矗立具有公共性、艺术性、开放性的公共艺术作品，从"城市，让生活更美好"的角度提出公共艺术的出现代表了艺术与社会关系新的价值取向。公共艺术是为人的审美、生活、休闲娱乐等需求设计的，它就要满足公众的意愿；违背了公众的意愿，这种公共艺术作品只能说是一种浪费城市公共空间的摆设，没有起到任何意义，反而影响了公众对于公共艺术这种艺术形式的认识和理解。

二、"公共性"是公共艺术建设人才培养的关键

公共艺术创作中及公共艺术人才培养教育中，"公共性"和"艺术性"孰重孰轻，一直是众人争议的焦点所在。公共艺术作为城市公共空间中不可或缺的艺术形式，在现代城市公共空间中占有重要的作用和地位。"公共性"是公共艺术的价值核心和首要原则。一位哲人曾说过："人是世界的尺度。"人总是生活在人化的自然里，这个自然是按人的意愿建造的。公共艺术作品的设置亦要符合公众意愿。公共艺术作品不是单纯地像是艺术家在工作室或者展览馆里所创作的作品一样，这种艺术作品必须要融入公众的审美要求并满足公共空间的综合性要求，才有实现的意义和价值。因此，公共性是公共艺术的核心问题，从某种意义上说，公共艺术是人类理解自身生命的符号，凝聚着人类生命体验的深刻内涵。毕加索的大型壁画作品《格尔尼卡》，表现了艺术家对于战争给予人民痛苦的深切体会。享利·摩尔的雕塑作品能够很好地与具体的场景对话，他将古典主义、现代主义折中地糅合在他的作品中，同时切合公众的审美需要，因此获得了巨大的成功。以里维拉为代表的墨西哥壁画运动在公共艺术史上增添了浓重的一笔，他们对待民族命运和对待艺术的赤诚赋予公共艺术一个重要的价值准绳，即其根植于民族的、大众的文化观念与审美意识当中。俄罗斯艺术家爱森斯坦在评价墨西哥壁画时说："一个真正卓越的艺术家首先是伟大社会思想及其对伟大思想深信不疑的表现者。这种信念愈强，这个艺术家就愈伟大。"这正是里维拉的成功之处。

三、注重拓展视野、多学科的融合构建

在当前尚处于探索阶段的中国公共艺术人才培养中，究竟怎样的教学方式才有可能培育出适合未来社会发展的合格的公共艺术人才。随着现代城市文明程度的提高，人们在关注科学技术的进步及经济发展的同时，也越来越关注外观形象与内在精神文化素质的统一。在城市环境中，人们开始意识到，尽管城市雕塑、壁画浮雕是城市公共艺术的重要表现形式，但其并非唯一的公共艺术形式。公共艺术眼下在中国是一个应用频率较高的名词。公共艺术毕竟是舶来品，它的起源、发展、过去、现在、未来及其含义，需要我们认真研究借鉴，这对我国的公共艺术建设人才的培养方向发展是很有帮助的。

公共艺术的提法虽然是当代出现的词汇，但一些学者认为我国公共艺术的历史可追溯到很久远的古代。相关作品包括霍去病墓、敦煌莫高窟、云冈石窟、龙门石窟等。他们认为，这些石窟、陵园的建造本意并不是为了公众的审美需要，而是为了歌功颂德，但因为时间的冲刷、历史的积淀，使其本意逐渐泯灭，精神、文化的震撼却深深冲击着每一个参观者的心灵，引起深刻的共鸣，从而也具有了公共的性质。从某种意义上说，这些艺术形式确实带有一些公共艺术的特性，它们在某种程度上属于广义上的公共艺术。

在当代中国，随着经济飞速发展，国际经济交流的频繁，世界文化格局的多元化及对环境的日益重视，文化艺术的发展越来越被看作一项提高国民素质和国家形象的长久国策。重视和推动公共艺术事业的发展，日益与社会发展和精神文明建设紧密相关。艺术家们以前所未有的热忱从事着公共艺术作品的创作与实施，他们逐渐认识到在发展中国当代公共艺术的同时，必须体现中华传统文化的精髓。公共艺术只有在整体环境的综合协调及与各种艺术形式的有机组合中，才能体现自身独特的艺术魅力。因而公共艺术作品要表现出与环境的关系，要与草木为友、与山水相亲。正是在这样一个时机下，公共艺术才得以轰轰烈烈地展开。

北京首都机场壁画群的落成，为中国公共艺术的公开演出揭开了序幕，此后公共艺术作品逐渐成为公共环境空间的主角，为人们提供人性化、艺术化且具有文化品位的生活和活动的空间场所。大到园林、广场、景观、道路，小至社区、居民区，公共艺术作品无不成为人们关注的亮点，它们提供给公众一个休闲娱乐的文化场所，也提供了一个便于人们交流的、具有艺术性的公共空间，从深层上缓解现代社会给人带来的精神压力，对钢筋水泥所构筑的冷漠空间做一些人性化的改良，使人工环境更加具有一些自然的本性，满足人们想要与自然交融的愿望，满足人们对于文化的关注和他们的审美需求。从这层意义上说，公共艺术在当代社会中有着举足轻重的作用。但作为一门新学科的公共艺术，在当代中国还存在很多问题。公众也只是通过一些城市雕塑了解到什么是公共艺术。公共艺术百分比政策——这个在国外早已作为强制性执行的、使公共艺术得到保障的措施，在中国还没有开始立法，只是有些小范围的尝试。中国当代公共艺术还没有形成一个整体规范的体系，公共艺术的水平也是良莠不齐。因此，对于公共艺术工作者来说当代中国公共艺术的发展任重而道远。要了解到公共艺术对社会发展、对文化环境的建设，以及对经济的推动所起的重要作用；与此同时，尽量多地了解国外公共艺术的最新动态和前沿理论，使中国公共艺术的发展能够有先验理论和前车之鉴，而不是盲目追求与国际接轨从而造成千城一面的局面，从而使中国公共艺术的发展能够尽快步入良性发展的轨道；要努力使公共艺术纳入城市规划的体系中，使其在城市建设的过程中与其他环节紧密相扣、相互协调；还要努力推动公共艺术的立法，使得"公共艺术百分比"能够作为国家的法规明文确定下来，使其实施得到保障；还要让公众更多地了解公共艺术及其重要性，并创造一些机遇让公众参与到公共艺术的决议中，提高公众参与自身环境人性化、艺术化、人文化的建设中。

人活动的复杂性，决定了公共空间性质的多样性。而公共空间艺术的开放性，不但包括视觉上的多层次、多岗位的开放，还包括观赏者不同审美情趣的开放。因此，公共空间艺术的创作是综合性的，要综合考虑功能性，包括人文题材、环境观、公共性、环保观念、材料选择，以及对公众的心理情感影响等因素。这种综合性特点又受到视觉心理学、建筑学、环境色彩学、光学、民俗学等的影响。

总之，公共空间的创作是艺术家在环境与大众之间建立一座相互融洽的桥梁的活动。在我国当前的公共空间建设中，公共空间正日益受到重视，因此设计师应该顾及人类本身的内在需求，在空间表现特征及公共空间的酝酿、策划、营造、设计、使用、维护和改造都应满足人类的需要，对空间美学意义等加以设计互动与经营，才能使公共空间达到人们的需求。只有这样，公共空间的艺术性才能实现真正意义上的价值体现。

第七章 公共艺术创作的制约因素与发展动力

❀ 第一节 公共艺术创作中的制约因素

一、艺术家、体制与公众的关系

1987 年，在美国迪亚艺术基金会举办的市政厅会议上，一名与会人员论及如何在艺术水准"不打折扣"的情况下吸引更多受众的问题。与会的著名美国女性主义观念艺术家芭芭拉·克鲁格这样回应：我们应该思考一下"文化打折"这种论调，在这种理念中，一旦艺术生产脱离了体制、权力和金钱，这就意味着大打折扣。可以这样简单地描述："打折"作为"完美"的对立面，暗示着财富和价值的损失。但事实并非总是如此。这种艺术观点的交流凸显出艺术从业人员与体制和公众间长久以来的隔阂与权力斗争。鉴于这些潜在的对立关系，美国公共艺术学者艾瑞卡·多斯建议，我们不要在听到"人们把公共艺术看作他们在公共领域中丧失自主权的一种显要标志"时感到诧异。我们与其为公共艺术培养文化民主的能力而担忧，还不如把它们作为"既定目标"，与公众一同分享我们的感受。艺术和文化社会学学者史蒂文·杜宾对此表示认同。他认为，艺术可以轻松地变成"替罪羊"，它就像磁铁一样，能吸引各种各样的受众的反馈意见。

　　如果认为某位艺术家的创作对大众的解读没有产生显著的影响，也无关乎作品本身的说法非常荒谬。那么，我们应当谨慎地允许艺术家将自己的观点凌驾于其他人之上，也应当小心地假设艺术家并不知道他们正在创作的作品会经历漫长而复杂的旅程，最终在外表和内涵上都发生改变。对艺术家的创作意愿的了解将提升我们对艺术的理解和欣赏。就公共艺术而言，艺术家并非艺术作品呈现方式和内在含义的唯一评判者。甚至即便有些艺术家想要掌控观众的体验，而每个人都有自己的思想，可能会把艺术家的创作意图扔在一边置之不理，而更看重自己的品位和价值观。马歇尔·杜尚曾经指出，艺术家的作用从根本上讲是有限的，艺术家可以进行创作，但绝对无法把自己的解读强加在作品身上。在杜尚看来，艺术家无法完全独立地表达或实现自己的意图，他需要借助旁观者来搜寻潜藏在艺术中的强大内涵。

　　艺术家并不是孤立的，虽然总有种种成见认为艺术家不爱交际，甚至还有人认为他们从不受批评家和公众的影响。但大多数艺术家确实很在乎别人的想法，这也正是他们会在观众较多的地方来展示自己艺术的原因所在。这一点对公共艺术家来说尤其如此，他们能够与观者直接交流，聆听他们的想法，并从中受益。但是他们无须摒弃个人的表达方式，或刻意避免在公共领域中解读多种美学和文化语言所带来的困扰。一开始就能引发积极反响的作品并不一定总能取得令人满意的结果。而起初制造混乱和煽动效果的公共艺术作品则有可能引发一些对社会边缘话题的讨论。艺术家约翰·艾亨安置在纽约南布朗克斯区的作品《青铜雕塑公园》就是一个例子。艾亨对该社区并不陌生，他曾经参与纽约市南布朗克斯商业区附近的艺术区的 Fashion Moda 工作，最终与当地宗教雕塑工坊的雷果贝托·托尔合作。两人以石膏和玻璃纤维为媒介活灵活现地仿制当地居民，这些雕塑作品遍布了当地的公共和私人空间，不仅出现在建筑外墙上，也出现在各家各户的院落里。作品《青铜雕塑公园》是纽约文化事业局"艺术份额"项目的委托作品。艾亨制作了三名当地年轻人的青铜雕塑，包括轮滑少女、怀抱篮球和音响的少年及牵比特犬的男子。然而，当这些作品在第44

警区外围的底架上落成时，争议之声纷至沓来。艺术家认为这些可以作为其个人所在社区的"守护者"，因为该社区的社会问题严重。然而一些社区成员认为他的作品传递的是负面信息，暗示雕塑的形象是"他们唯有的形象"。雕塑刚刚落成五天，由于担心种族主义嫌疑（白人艺术家描绘黑人和拉丁裔社区居民），艾亨自己出资将雕塑拆掉。艾亨坚称，他最初反映社会复杂性的意图被打了个措手不及，认为自己应该把重点放在如何让人高兴上。如果约翰·艾亨、里戈伯托·托尔斯的青铜像在纽约南布朗克斯区多摆放几天的话，社区里的人们是不是就接受甚至喜欢了。

在公共艺术领域，民主往往不存在于冲突化解之时，而存在于冲突持续之时。冲突是公共空间中民主存在的条件，并且有其存在的必然性和合理性。例如，著名的美国华盛顿纪念碑曾经也是被鄙视和笑话的对象，以至于建到一半就受到当时市民阻挠，人们把工地上的石板材都扔到了波托马克河里。纪念碑在 40 年里都未能完工，直到国会重新拨款对其进行建设。但当时已找不到能和之前建筑相匹配的石材。细心的观众能注意到石头的色调变化，这便是著名的"艺术与公众对抗的痕迹"。再举一个例子，一位满腹牢骚的涂鸦者在位于贝灵翰姆市的西华盛顿大学的理查德·塞拉的作品《莱特三角》上，喷下了发人深省的句子："艺术被丑化时即最美"。这位批评者表达了对艺术家所依赖的个人艺术世界中经常表现出的矫揉造作的不满，这是在与"艺术对人有益"的观点唱反调。

二、平民主义在公共艺术中发挥的作用

虽然，平民主义呼吁我们增强对公共关系的关注，但它不总是集体性的。事实上，它不排斥个体价值，它充分鼓励个人探索，鼓励个人观点的发展，对公共自我和私人自我同时进行批判性的审视。平民主义同时也意味着公共艺术应该是多元而活跃的，它不应该是正统艺术思维的稳定集合体。公共艺术的创作者不应该只认为适合大众审美的作品才能成功。创作者需对此进行重新审视，即在最公共的条件下，艺术虽然扩大了公众参与的机会，但不能限定产生特定的解读方式。甚至不能期望自身的观念完全被接受。公共艺术家也无须以消减自我的方式来简单地迎合大众审美，应该从更复杂的层面上来实现作品的价值，让每一位观者以个体的方式不断

延伸自身能力并在感知艺术作品时作出判断。一旦这种情况发生，观者是否位于界限清晰的艺术空间，或是否偶然参与了一件艺术作品的互动，都已经不再重要了。事情变得简单易行，观者会本能地运用个体经验对公共艺术加以辨识。

20 世纪 70 年代，许多全力投身于平民主义大潮的公共艺术家都摒弃了现代主义的精英式伪装，接受了包容性更强的多元主义文化方式。但也有人悲观地认为，多元主义似乎让公共艺术的先锋气质变得愚钝。因为它接受所有形式的艺术探索，却不愿让这些形式接受高品质的评判。导致多元主义被其过于宽泛的文化情绪所束缚。乐观的观点认为，多元主义代表着真正的公共艺术民主化精神，它赋予观者更主动性的角色意识。尽管多元主义在 20 世纪 80 年代初期有所褪色，许多艺术家仍针对自己认为的平庸的艺术世界发起反抗，并创作了一些直接关切当下社会问题的公共艺术作品。艺术家这种强调内容要对社会负责的做法让他们能够与大众展开对话，而不是继续用一种秘密的艺术语言继续在艺术圈里进行探讨。现实世界中，构建一种既"积极"又"社会公有"的公共艺术模式是困难的。特别是在大量艺术家们逾越规范标准进行公共艺术创作的情况下，个人可能把良好意图和作品价值割裂开来的做法普遍存在。因此，艺术家或公共艺术项目寻求"公共利益"的做法并不完全意味着：其艺术能捕获公众想象，或在目标观众间产生共鸣，或在美学与社会政治方面产生有效结果。

2012 年，法国社会活动街头艺术家 JR 与美国纽约布鲁克林艺术家帕尔拉在古巴哈瓦那合作完成了他们的公共艺术系列作品《城市的皱纹计划》。他们运用特有的旋转笔触把当地居民的肖像照片绘制在城市的墙面上。他们通常选择那些陈旧的居住区中破旧的建筑表面作为绘画地点，以加强作品的深度和触觉。皱纹和时间两个因素激活了每一个被描绘者的精神世界。似乎墙面上每一张岁月沧桑的面孔都在讲述着建筑物自己的故事。该作品引发了当地公众的强烈关注，促使他们去重新审视这个城市的建筑和历史。在过去的十年中，他们一直在全世界游说和推广这个公共艺术项目，在城市的"表皮"上绘制那些被剥夺权利和边缘化的居民的巨幅画像，试图通过艺术方式转变他们在城市中所处的格局。

三、博伊斯的"社会雕塑"

在约瑟夫·博伊斯的"社会雕塑"概念中，艺术除了作为产品外，还可以是一种过程和社会交换的载体。博伊斯认为，他的作品被视为改变雕塑的或整个艺术观念的兴奋剂。它们应该揭示这样的思想：雕塑能够是什么？塑造的概念如何能够被延伸到每个人所使用的、无形的材料的范围中。他提出：思维形式——我们如何模塑我们的思想或话语形式？我们如何把我们思想确定为言词或社会雕塑？我们如何模塑和确定我们在其中生活的世界，作为一种进化过程的雕塑？每个人都是艺术家。博伊斯的大型公共艺术作品《七千棵橡树——城市绿化代替城市管理》于1982年在第七届卡塞尔文献展上实施，作品以"7000棵橡树——城市绿化代替城市管理"为口号。博伊斯在志愿者的帮助下，用了几年的时间，在卡塞尔种植了7000棵橡树。种树的同时，将7000块玄武石安放在卡塞尔的弗里德里希阿鲁门艺术馆前的广场上，并将其摆成了巨型楔形三角形状。其目的在于向人们展示：如何一步步铲除眼前由石头堆砌出的大山。在这座石山的顶部博伊斯种植了第一批橡树。就在橡树的旁边他将一个玄武石柱垂直固定在地面上。每个人只要捐款500马克，就可以移开一块玄武石，并在原来的地方种上一棵橡树。博伊斯通过这个活动想要传达这样一个信息：所有这些留下的纪念都是一个有生命的部分，即随着时间的推移，不断成长变化的树木，以及一个永恒不变的部分——玄武石，其在外在形状、数量、规模、重量上都不随时间改变。这件作品可以被看作以一种艺术方式对当下城市化的一次大规模的生态调节。公众亲自参与到整个艺术作品的过程中，达到了让人们了解环境保护重要性的目的。这部最初曾饱受非议的作品，在之后的若干年里，被视为卡塞尔市容的重要组成部分。1987年这件大型作品在第八届卡塞尔文献展结束其长达数年的展出。最初，博伊斯的作品引发了公众大量的怀疑、误解、愤怒甚至是抵抗的情绪。但是随着树木的增加，公众也慢慢开始接受这件作品。树与石的组合也就自然而然成了整座城市市容的一部分。这部被称为"社会雕塑"的作品逐渐同这个城市的地貌及社会公众相融合。作品展出的全过程向人们完整地展示了一个事物发展的全貌：即"过去，现在与未来"。从种植这些树木，摆放岩石，再到后来树木的成长和消失都是这个作品的组成部分。博伊斯在这次艺术生态行为作品中秉持了以往对于艺术的理解，将社会雕塑艺术同现实生活连接起来。因此这部作品不仅被看作一次非传统意义上的公共艺术项目，也应该被当作艺术开始踏出影响政治、生态学及城市规划的坚实的一步。

四、公共艺术的新流派

博伊斯的"社会雕塑"概念在20世纪60年代和70年代发展起来的"公共艺术新流派"中得到了实现和新的发展，并在80年代逐渐流行起来。"公共艺术新流派"避免了现代主义对英雄式的艺术天才和市场性原则的颂扬，更注重社会意识和社会责任，公众对公共艺术的接受与艺术创作本身一样重要，并与之密切相关。因此，"公共艺术新流派"又被定义为：面向广大受众的社会参与和交流互动型艺术。通过艺术家和广泛、多层、不确定的观众合作完成，其在形式和意图上都与传统公共艺术有着明显区别。"公共艺术新流派"的观点认为公共艺术是一种交流型的艺术，它寻求并跨越对社会问题的象征性探索，借以更多地赋予边缘人群以话语权。与官方机构施加决策的职能对比，艺术家则扮演着为社会变化代言的功能。他们寻求用民主模式来共享社会权力。一些艺术家持续很长一段时间来参与特定群体之间的艺术项目合作，为这些支持者解决他们感兴趣的社会问题。"公共艺术新流派"虽然还具有理论实验层面倾向，但它并不是一种新教条主义的公共艺术。其普遍乐观的本质仍与政治现实并存。"公共艺术新流派"的艺术实践中，存在着另一个重要的问题：应不应该为了政治而放弃美学，还是努力地让它们达成和解？但它所采用的策略和形式都模糊了艺术与社会工作的边界。因此，"公共艺术新流派"即便能成功地带来社会的改变，但也不能用其"具体结果"来衡量它的社会功能。❶

2013年10月19日，国际著名艺术家苏珊·雷西的作品《在门与街道

---

❶ 黄礼婷，邹瑾，李科栋. 公共艺术［M］. 成都：电子科技大学出版社，2019.

之间》在布鲁克林美术馆门前实施，雷西是当代最重要的"社会参与"公共艺术家之一。来自不同年龄层和社会背景的 400 位女士和一些男士共同参加了这个公共艺术项目。她们成组地聚集在一起进行讨论，她们中的大多数人来自纽约的某个社会活动组织，并受邀参与这项公共艺术项目。每一组人将讨论一个独立的社会问题。《在门与街道之间》中涉及各种各样的当下话题，其中包括生育权利、全球经济、贫穷、移民等问题。对话的参与者跨越了不同的种族、性别、年龄和社会背景。《在门与街道之间》持续了 5 个月，苏珊·雷西和这些激进的妇女组织之间的对话不断深入和扩展。雷西认为这个项目意义的核心部分是由参与者的观念、经验和原则共同建构起来的。

1993 年夏，公共艺术项目"行动中的文化：芝加哥新公共艺术"为"公共艺术新流派"的艺术实践提供了颇具说服力的案例。该公共艺术项目由芝加哥雕塑协会赞助，该组织是一家为传统艺术提供支持的私人非营利性组织。据其组织者艺术评论家玛丽·简·雅各布宣称，"行动中的文化"主旨在于让公共艺术既关乎公众，也关乎艺术。这是为了让艺术更好地通过以过程为基础的公共项目渗透到社会系统中来。而这些项目应具有"由观众制造并有所回应"的价值取向。该项目重视协作过程，轻视成品的做法标志着艺术家从"审美对象制造者"到"公共艺术服务提供者"的角色过渡。在传统艺术机构之外，"行动中的文化"将不经常参与传统美术馆活动的观众作为受众目标，让其积极参与那些能带来持久效果的公共艺术活动。雅各布则强调，要让社区成员在项目初期阶段就拥有话语权，而不要让那些善于说教的艺术家把观点强加在他们身上。她争辩称，这样促进了公开对话，开启了一种相互了解和教育的双向流程。对艺术家来说，他们既可以聆听，又可以诉说；对公众来说，他们既被艺术家所了解，也对自身有了新的认识。苏珊·雷西的作品《周而复始》就对妇女的社会意义和角色表达了强烈的关注。同时，以芝加哥这个举世公认的公共艺术之城地标雕塑的形态介入城市公共空间。然而，在"行动中的艺术"项目之前，公共环境中没有一件重要作品是关于女性或由女性创作的。因此，作品《周而复始》探讨了如何表达女性在公共领域中的在场与缺席的话题。整个计划持续 100 个昼夜，作品由 100 件纪念石碑构成的游动的公共空间装置组成。这些巨石被散落地放置在城市大街小巷的沿途，用以纪念过去和当下对芝加哥公共生活做出积极贡献的女性们。每一块半吨重的石碑上镶嵌着记述她们成绩的铜牌。所有石料都采自位于俄克拉荷马州的女性企业主拥有的露天采石场。

公共艺术项目"洪水——积极参与医疗保健志愿者网"是由一个名为"哈哈"的艺术家协作组织的志愿者网络发起的。该项目实体是位于一个当时艾滋病高发的街区店面式的水培花园内。该项目为艾滋病人应需得到的关爱提供了实体和象征性隐喻。"哈哈"组织成员温蒂·雅各布将其称为"高维护艺术"，它为艾滋病收容所和机构提供蔬菜和药用植物。每周还就与艾滋病有关的话题展开社会讨论。"行动中的文化"结束后，当地一家银行又为"洪水"项目额外提供了一年的资金支持。

著名的公共艺术项目"行动中的文化"的重要作用犹如"公共艺术新流派"的实验室。其艺术实践带来了关于艺术对于民主思想的催化作用的可能性，以此来填补艺术与非艺术公众间的隔阂。也有人怀疑，这种参与式艺术的社会目的和制度化之间可能存在本质的分歧。担心极度理想化的"社群"概念被强化的同时，艺术家们会忽略社会群体之间互动过程中真正存在的紧张关系和未知冲突。这些实践过程也可能导致艺术的极端物质化现象的产生，从而消解公共艺术和社会活动主义之间的区别。也就是说，如果我们把艺术的功能降低到增进群体自尊的层面，其意义是否会趋同于传统的战争纪念碑或公共雕塑所带来的暗示那样产生不正确的认识。还有人质疑，"行动中的文化"中的艺术家们是否真的与合作的群体有着真实而持久的沟通和了解。而这些协作过程中产生的长久效果需要被艺术世界所感知，而不是被参与活动单一的群体感知。虽然"行动中的文化"中的八个项目相互间缺乏连贯关系，其作为集体尝试的效力也很难被评估，但它仍为艺术的社区实践和参与提供了重要模式。它强调了不同民族、种族和文化在自我代表过程中被赋予话语权的重要性，而不是通过固有的定义对其进行分类。艺术家们至少花了一年时间与不同支持者合作，解决他们所关心的社会问题。他们不可能成为政治家，并以政治家的角度去履行社会责任，也不可能一味地赞同和迎合公众的想法。但是，那些与公众建立了真诚交流的艺术家们则更有可能获得有用的信息和广泛的认

可，而且还可能获得一些忠实的新合作者。艺术家们放松对艺术形式的控制，观者在决定自身艺术体验的质量和结果时就会增加更多主体感和互动性。

艺术家、作家道格·阿什福德是已解散的纽约激进艺术家组织"材料群组"中最著名的组织者和成员之一，他也受到了"行动中的文化"中一些艺术策略的启发。他对新型公共艺术之所以有如此之高的热情，并不是因为艺术活动的协作方式可预测或更简单，而是因为其中有更多的可能性和深入社群的机会。相反，观众也可以在日常生活中介入艺术，感受和发现有创意的艺术语境。但是，阿什福德同时提醒我们，要提防这些群体性公共艺术项目的负面倾向，因为它们会导致公共艺术演变为一种以社会效应和城市发展为基础的服务型社会活动。

五、艺术家组织和公众之间模糊的界限

随着类似纽约艺术工作者联盟这样的艺术活动家组织的涌现，人们也开始以新的方式欣赏"社区艺术"。艺术创作的包容性、实验性模式也随之诞生。这一氛围促使公众在真正意义上变成了艺术家。或者至少能直接以艺术家的方式生活和工作，艺术家和公众之间的界限开始模糊。那些所谓的"局外艺术家"所做的努力也很具创造性。这些艺术家大都是自学成才，其思维和做派都在艺术世界的惯例和限制之外。其中，少数人成名以后才受到画廊和美术馆的邀请进行创作。例如霍华德·芬斯特在成名前的职业是一名牧师，他自称其《天堂花园》的设计灵感来自上帝的福音，花园内放置了超过 46000 件民间艺术风格的雕塑作品。这些"艺术圈外人士"往往出于极其个人的原因开始从事艺术创作。其目的很少是获得名声和金钱。同样，亨利·达戈去世以后，其作品才被发现，并逐渐变得家喻户晓。虽然，他们的视角有时与全社会都不太搭调，但这些"艺术圈外人士"却是艺术世界中个人主义的代表和典范，是他们让个人体验在公众世界产生影响和共鸣。

纽约艺术工作者联盟成员查尔斯·西蒙虽然是一位经过专业训练的艺术家，但其作品却深受这种圈外人士的精神影响。20 世纪 70 年代开始，他创造了一个虚构文明的"小人"世界的居处，并且以微缩景观装置的方

式出现在世界各地城市的街道上，如纽约、巴黎、上海、柏林、伦敦、都柏林等地。《居处》以神秘主义的方式为现代人类自大的物质文明提供了一个精神性的镜像世界。这些作品早期只在其工作室中制作完成，很快《居处》就搬到了纽约苏荷区的商业街道上。1972 年西蒙把该项目挪到纽约东区后，便明确地把自己的艺术理念带给了那些普遍被艺术圈所忽略的公众。他受儿时见到的普韦布洛印第安人的建筑形式启发，悉心搭建起精微的建筑结构。每幅作品场景不用一天就可以完成。城市街道、破裂墙壁、建筑平台、贫民区和空旷停车场都成为《居处》系列作品的场域。其中有些作品故意停留在未完成或荒废的状态。《居处》的创作目的是容纳西蒙的"小人们"，这位艺术家曾不惜大量笔墨描绘了这个他想象中的社群。"小人们"成了文化区域性居民的犀利的隐喻，他们在极其危险的情况下为了生存而挣扎。西蒙鼓励观众与作品建立直接的联系，并欢迎好奇的过路人驻足就《居处》进行交谈或帮助他一起搭建景观。这些微小结构由极其小的未烧制的黏土砖搭建，对任何毁灭力量来说，都注定十分脆弱。因此它们也就变成了城市结构的象征，象征那些无足轻重的市民（穷人或无家可归者）、脆弱的街道及生命自身的永恒本质。《居处》同样也暗含着希望，虽然有些建筑很快就被摧毁，但新建筑会迅速出现。由于《居处》中的作品只有在被摧毁的前提下才能从一个地方搬到另一个地方，它们就在没有个人所有权的前提下对社会空间进行了再利用。因此，它们也就变成了社区的公共财产，为更广泛社会问题的讨论提供了契机。其中的一件作品甚至持续保存了五年之久。《居处》也有被置于室内空间的时候，芝加哥当代美术馆就是这么做的，这种方式明显改变了作品的公共隐喻性和真实的社区语境。作品《居处》被藏进了美术馆里的一个壁龛里，不再经受天气变化的摧残，也不再能像摆放在街对面的其他作品一样和观众进行互动式交流。室内作品也许得到了妥善的保存，但公众与作品之间的能动性却被罩上了一层悲观色彩。在街头，人们可能会以忽略、损坏、欣赏或保护等开放的方式介入作品。它们在那里也许不那么珍贵，但显然更有生命力。

　　20 世纪 60 和 70 年代，表达政治情绪的艺术家组织"情境主义国际"，将自己标榜为挑战日常生活常识及其制度的文化先锋。他们通过对艺术实践和社会行为的革命性融合来推动城市文化变革，从而建构新的情境以打破常规，使人们摆脱其思考和行动的习惯性方式，并且积极地、有意识地参与到对生活每一时刻的重新建构的行动中来。情境主义者们呼吁公众都来评估大众文化，而不是把文化当作一种特殊的专业化结构看待。精神领袖居伊·德波的马克思主义倾向催生了一种对现实的严厉批判。批判对象既包括近代资本主义，也包括其灭绝人性的技术和令人欣慰的消费主义。与之相似的是，随后的一些艺术家团体也开始用文化批判的方式来看待艺术。到 20 世纪 80 年代中期，艺术家组织"游击队女孩"开始直接对抗传统制度化中艺术圣殿对女性的系统性排斥。1985 年，"游击队女孩"发布了一轮揭露艺术界潜在性别歧视和权力结构的艺术海报。"游击队女孩"晚上在纽约当时的时尚艺术区进行游行，采用了颠覆性策略来揭露女性艺术家在屈尊俯就的友善外表下所遭遇的不平等。其中，最著名的一幅海报是《作为女性艺术家的优势》，海报所列举的优势包括"不会被卡在终身教职中"及"出现在艺术史修订版中。""游击队女孩"用半开玩笑的幽默方式提供了仔细搜索出的数据，并点名指出罪魁祸首，试图让艺术家同行、画廊商人和艺术机构感到羞愧，并修正自己的行为。

在许多情况下，"游击队女孩"扮演了完美公共艺术家的角色。她们积极介入公共领域事物，经常采用大众文化中的海报和贴士等形式作为媒介，提出一些与社会极其相关的现实问题。要求传播公共文化的机构行为更加公平，同时邀请观者成为其艺术主张的同谋者，比如，在画廊访客本上签名时写上"游击队女孩"的名字，因此这种监视艺术界的行为也就成了一种协作方式。"游击队女孩"把自己标榜为"艺术界的良知"，她们不断扩大自身范围，以应对艺术界的种族歧视。她们参与谈论更广泛的社会文化问题，比如同性恋、艾滋病和强奸等问题。组织成员全都匿名并采用了化名，在公共场合出现时身着短裙、长裤和高跟鞋，头戴大猩猩面具，至今也很少有人知道她们的真实身份。组织者以匿名和集体身份呈现对"痴迷于个体人格的传统艺术世界"而言是一种反击。同时，这也让女孩们的事业免遭策展人和画廊商人的报复。通过点名道姓、引用数据，女孩们所寻求的不仅是揭露不公，而且要对其进行矫正。她们的艺术策略扰乱了艺术界往日表面上的平静，并迫使内部人士在持续的社会顽疾中进行自我审视。

位于波士顿的"无限小事物研究所"（IFIST）的使命是：呈现并支持那些培养公众参与每日信息政治的当代艺术。该机构有意将自己打造成为一个民主艺术家团体，任何感兴趣的个人都可以参加，强调大众认知才具有决定权。该组织成员极具流动性和多样性（艺术家、活动人士、策展人、历史学家、电影制片人、人类学家、会计和电脑工程师均在其列）。IFIST 对自己的定位是"行为研究机构"。他们穿上实验室制服（作为"权威荒谬性"的象征），进行实验并记录结果。因为公共领域始终很活跃，所以该机构并非想激活公共领域的现状，而是想通过活动来提高人们的公共领域意识。其早期的重要项目"企业命令"以数据库的形式收集了"带有命令语气"的企业广告标语，随后则受激浪派艺术的影响，发展成了一系列行为艺术。这一时期，IFIST 不再发挥指导作用，而是让艺术直接从企业界汲取素材。这些广告命令与其是在销售某种产品，不如说是在贩卖形形色色的生活方式。艺术家们尽可能正确地来行使这些命令，并在距离这些标语广告牌很近的地方进行行为艺术表演。然而，由于广告信息都非常隐晦，因此，也就没有唯一"正确的"的解读。艺术家们把"企业命令"带上街头，直接面对公众，但从未烦扰那些明显不想参与其表演的人。例如，组织成员们有一次在波士顿繁忙的考泼利商城里表演了广告语"享受生活"（Enjoy Life，永丰银行的标语），并在那里野餐、跳舞、下棋。通过这种方式，艺术家们考验了私人公共领域的边限。虽然 IFIST 本身并未表现出任何威胁姿态，商场保安依然把他们赶了出去，以免打扰其他顾客。企业市场营销广告因此受到拷问，并重新构成了公共艺术实践的线索。

2006 年，IFIST 推进了另一个公共测绘项目。项目最初名为"坎布里奇重新命名计划"，在该项目中，机构为参与者提供了一个能自主决定介入深度的框架机制。当时，剑桥艺术委员会邀请 IFIST 来创造一项能与该郡"大河节"有关的公共艺术活动，该组织随后决定对该地的哲学、心理学和物质维度进行探讨和研究。公众被邀请来为马萨诸塞州坎布里奇市的街道和社区等公共领域重新命名，而且也可以选择保持现状不变。该项目认可艺术和社会基础建设之间的关系。被重命名次数最频繁的地方往往就是坎布里奇最具价值的地方，同时也强调了那些容易被人忽略的地点的命名结果。IFIST 会在街坊邻里聚会或农贸市场等社区活动上提供重命名机会，艺术家组织在这些地方设起"移动命名工作室"。为了避免显得太强势，机构并不主动请求公众参与，而是把项目信息分享给感兴趣的人，以便让他们自由选择参与该项目。它不要求人们做任何事，而是在他们认为恰当时候为之提供机会去做出改变的选择。这其中暗藏着一种对公众能力的信任，相信他们有能力进行参与、判断并传播消息。当地市民颇具启发性地提供了许多有关坎布里奇发展史的细节，如果不是因为他们，这些细节早已被人遗忘。事实上，艺术专业性的传统范式在项目中被展现得淋漓尽致，参与其中的公众才是权威，机构只不过是一个中介。所有的重命名都被编纂在该机构网站上，目录中涵盖了重命名时间，还引用了命名者原话，来解释他们进行重命名的原因。项目一旦完成，该机构将会出版一份坎布里奇修订版地图。当然，当地许多地方的名字并不会真因为这项工作而进行修改，而且这也不是项目实施的重点所在。机构促使公众对那些习以为常的公共空间进行审视，也因此赋予人们对公共事务的权力，并以非常个人化的方式对公共场域进行象征性重塑。

❋ 第二节　当代公共艺术的重塑

一、当代观念与空间重塑

极简主义，是 20 世纪 60 年代在美国兴起的一个艺术流派。"极简主义"一词是英国哲学家理查德·渥尔哈姆于 1965 年批判那些为了追求美学效果而刻意减少艺术内容的艺术实验时提出的一个贬义称谓。而极简主义艺术家们并不以为然，并且乐于接受这个美学提法。从本质上说，极简主义是继观念艺术之后出现的，是从形式语言上对抽象表现主义的艺术形式的反对、否定艺术创作中的叙事性表现，探索和呈现物体自身最原始状态和形式，希望借以消除艺术家强加给观者的图形、图像和概念。开放作品自身在艺术概念上的意象空间，让观者自由地参与对作品意义的重新建

构。通过与作品本体的互动，去感知和诠释作品的内涵，甚至成为艺术作品的一部分，最终完成作品审美价值的延伸。❶

极简主义艺术家往往以一种客观的、冷静的和非叙事性的观察视角和形式语言从事艺术创作，用最直接的造型方式传达思想，最终使艺术形式回到了它的本源。他们力图将造型语言简单化、纯粹化，将抽象表现主义艺术中依然存在的图示、形象或空间按照杜尚的"减少、减少、再减少"的原则进行处理，最终，将作品减少到最基本的几何形态。

极简主义着力探求事物的客观性，而不刻意追求风格。在创作中使用最基本的要素获得极端简化的形式语言，去除干扰主题的不必要的东西。在考虑构图功能的合理前提之下，强调整体的完美和凝练，在简化与功能上寻找一个平衡点。这就要求通过对材质、构成原则、制作工艺等自身属性来界定其简单明了的真实性。极简主义艺术家大多偏爱使用非天然或工业材料进行艺术创作。他们认为，木料、石材和青铜等材料都暗示着人的存在，而木纹和大理石纹的自然痕迹标志着其内在的生命。相反，无机材料不具有历史性含义，不能给观者提供指向性的联想，从而使其更注意作品本身。极简主义艺术家，刻意追求表面的光滑平整，体现工业化生产的特点。同时，这些技术手段的使用，也在摒弃传统欣赏习惯对人们的影响。极简主义的代表艺术家唐纳德·贾德曾经解释道，自己之所以放弃绘画，而从事立体形态创作，其原因是"不论绘画语言多么抽象，它都不具有寓意，且永远带着一种挥之不去的叙事性。因此，要创作真正前卫的艺术，必须依赖最为简单、严谨的几何形体"。

然而，极简主义始终没有出现明确的定义或宣言。20世纪80年代晚期，极简主义已经被普遍运用于造型艺术的各个领域。大部分的极简艺术家都喜欢用现代工业材料来制作他们的作品，如不锈钢、铝板、集成板材和有机玻璃等。作品的颜色选择也进一步简化，经常出现黑白灰色或者明亮纯色，从而凸显现代机械加工所产生的物质存在的量感和质感。造型形态的"极少"与材质表面的"光挺"构成了极具后工业时代的审美趣味。作品似乎都在寻找一种新秩序的本源。实际上，极简主义雕塑置于公共环

---

❶　王岩松. 公共艺术设计［M］. 北京：中国建材工业出版社，2011.

境中与现代建筑产生了非常和谐的视觉美感。因此，极简主义风格的雕塑作品被广泛地认作城市公共艺术的一种方式。

二、个人叙事和公共经验

美国艺术家路易丝·布尔乔亚的作品涉及个人叙事、公共经验、内心封闭与外部沟通的多重概念。她试图探讨人类本身的矛盾性与存在的悖论：人经常处在"孤身"与"共处"之间，接触、沟通、交流其实不能完全实现但又必须去做。她的艺术将这样的矛盾挣扎充分地呈现出来，并编织为充满隐喻的视觉叙事。1911年，布尔乔亚生于法国巴黎，是一位知识分子型的艺术家，有广泛的阅读和知识背景。在她25岁时，开始专注于艺术创作，以接近超现实主义的方式进行绘画和版画创作，后来又开始尝试雕塑创作。而布尔乔亚创造力的真正爆发，是在70岁以后。她大胆尝试橡胶、石膏等综合材料的使用，并以独特的艺术观念将行为艺术、装置艺术等当代艺术语言融入作品之中。她宣称艺术对于自己是"在人间存在"的方式，而非仅仅是一份喜爱的工作。布尔乔亚的作品观念来源于心理学分析的思维方式，以及她的人生中所经历的巨大精神创伤。她认为：个体的决然的孤单感不可避免地纠缠于外在世界。这种联系充满了焦虑和痛苦，但又是快乐的重要来源之一，也是我能够在这种矛盾状态中坚持的原因。艺术有力地帮助人驱赶心理上的折磨与痛苦，从而恢复完整的自我。艺术是走出以往经历和无意识思想构成的巨大迷宫的通道和路径。

在布尔乔亚的艺术世界中，可以明显感觉到她是在自我生命经验的孤独状态和必须要与外部世界之间对话的矛盾状态中进行思考的，并希望能从中寻找到一种平衡状态。20世纪90年代末，布尔乔亚创作了她最为著名的公共艺术作品"Maman"，也可称为"Mother 母亲"，"蜘蛛"系列就是在此时产生的。她重新挖掘出"善良的母亲"这一概念，赋予编织者全新的形象。蜘蛛的形象代表着永无休止的生命循环，蜘蛛的生存原则就是不断地开始、不断地重复，不断地寻求安慰和设置陷阱。仿佛永远也无法摆脱这种永恒的循环。作品被看作"永恒的变化"的纪念碑。它代表着艺术家向母亲的致敬。布尔乔亚的母亲曾是一位编织者，她能将磨损和毁坏的挂毯重新修复完好。布尔乔亚认为"缝纫用的针拥有神奇修复的力量，而她自己则依赖艺术来编织和修复自己的生命网络"。1999—2008 年，这只引人注目又极具威胁感的蜘蛛青铜雕塑曾在圣彼得堡的冬宫博物馆、西班牙毕尔巴鄂的古根海姆博物馆、巴黎杜伊勒里公园、瑞士巴塞尔的贝耶勒公园、伦敦的泰特美术馆巡回展出。Maman 巡展本身就构成一个重要的公共艺术事件，是艺术家个人经验与世界的一次公开对话。

三、现实与幻觉的公共感知

安东尼·葛姆雷是英国当代著名的雕塑艺术家，他曾获得 1994 年特纳奖和 1999 年英国伦敦南岸视觉艺术奖，因创作英国最著名的公共雕塑作品《北方天使》而闻名国际艺术界。中国观众对他的关注则更多地始于 2003 年 3 月至 2004 年 1 月由英国文化委员会主办、葛姆雷主导并与中国广州 350 位不同年龄的普通村民一起合作的公共艺术项目"土地"。该作品是由 21 万件手工陶人组成的大型装置，曾经在北京、上海、广州等城市巡回展出。

安东尼·葛姆雷的大型公共雕塑群总是成为大众和媒体关注的焦点。"无处不在"也因此成为英国媒体为其作品使用最多的形容词。2006 年，100 个"葛姆雷"再次现身，这次是在意大利南部卡坦扎罗附近的罗马遗迹上。作品《时域》中人像进入古老的广场、竞技场、卫城，或露出下巴，或竖立在 2.75 米高的基柱上，错落在 3000 棵橄榄树之中。这些人像全部体态颀长，锈迹斑斑，没有衣裳和表情，并且全部都由几百公斤重的铁铸成。组装时还特意留下了白色的接缝和模具的痕迹，借此表明这些全是机械再生产的产品，来自工业化的制作过程，和庞贝城留下的遗迹不同。而当被问到为何如此执着于针对"身体"的创作时，葛姆雷回答道："我对身体的回归是尝试找到某种世界性，不是在艺术的内在世界里分析，而是在生命的、宇宙的世界中寻找。身体不再是叙事、解释、宣传或表述历史的工具，而是一种经验。"葛姆雷毕业于剑桥大学三一学院，早年攻读的专业是考古学和人类学。这些经历都影响了他的创作道路。他经常特意选择当地出产的矿石品种作为雕塑的材料，还邀请美洲、欧洲、亚洲的普通民众与他合作，手工制作了数以万计的黏土小人。他的作品很少被殿堂级的博物馆收藏，而是袒露在海边、城市里、天花板上与周遭进行对话。他说"这是一种反人类学的尝试"。传统人类学深入原始之境，把当地文明带回博物馆、图书馆，而葛姆雷直接在栖息地做田野调查、采集材料，完成作品，再把它们放回到原本的环境中，与当地的景观互动。对葛姆雷而言，大地不是空白的画布，它有记忆、有感受，而艺术要与住在那里的人们血肉相连、息息相关。

葛姆雷不仅是杰出的艺术家，更是一位善于思考的哲学家。他认为"艺术的意义在于交流生存的感受""真正重要的不是生命的表现形式，而是生命的真实历程。我尽量避免将经历与表现形式相连，虽然很多人将这样的连接称为艺术。其实它是不是艺术并不重要，问题在于你如何表现生命存在本身。我至今为止所有的努力都在探索如何表现生命存在本身，如何在静止中表现生命存在"。葛姆雷借这些貌似戏谑的作品探索了人和空间的关系。那些闹市街头不知道要去往何方的裸体人和玻璃房里的迷惘观众，都和艺术家共同完成追问：我是谁，我从哪里来，我要到哪里去。"作为一个艺术工作者，无穷的试验的可能性一直激励着我，它使我们重新去发现生命的意义，我一直在追问。"

葛姆雷不想继续罗丹的艺术语言，而是直接挑战古典雕塑的确定性，并且格外强调观者的主体地位。古典雕塑的对象总是政治英雄、宗教领袖或理想化的人体。他们稳定、有序、享有特权。而葛姆雷则力捧观众，他邀请你重新考虑你在时间和空间中的位置，并让你的经验与作品互相作用。不迎合规则，而是质疑我们的生存环境。1997 年，葛姆雷创作了大型公共艺术作品《别处》。100 个铸铁人体塑像被放置在浅滩上，作品在海滩延绵 2.5 平方公里，深入海水 1 公里。每个人体都面向海平线，相距 50~250 米不等。有的挺立在沙滩上，有的没入沙地中，有的站立在海水中。因为地势高低不同，随着潮起潮落，人像时隐时现。葛姆雷希望他的作品在某种程度上参与到海滩的日常生活中，并与潮水的静止和运动融为一体。而观众在地表上留下车印、足迹时，也自然地成了作品的一部分。2006 年夏，葛姆雷在马尔盖特历时六个星期完成了公共艺术作品《废弃的人》，作品使用了收集自当地的 30 吨回收废料。和以往金属铸造完成的作品不同，这一次作品搭建后付之一炬。作品材质是家庭生活的原材料——床、桌子、餐厅的椅子、马桶、办公桌、钢琴和垃圾，通过 32 分钟燃烧转化成全新的艺术能量。

❋ 第三节　公共艺术发展的新动力

一、过去与未来之间

众所周知，芝加哥有着源远流长、生气蓬勃的公共艺术历史，这个殊荣来之不易，著名的雕塑作品《芝加哥的毕加索》亦是如此。1965 年，斯基德莫尔、欧文斯和梅瑞尔以个人名义委托毕加索创作了《芝加哥的毕加索》，他们三人也是芝加哥市政中心的设计师，后来该作品也被放置于芝加哥市政中心，但直到 1967 年作品安装完成后才被人们接受。作为一个融合了毕加索妻子和狗的形象的抽象雕塑，该作品由具有工业气息的耐腐蚀钢制成，由于各种溢美之词不绝于耳，这件作品得到了市民的接受，并且从此以后才变成了芝加哥城的吉祥物。

相比之下，芝加哥千禧公园呈现出的公共艺术空间才是真正意义上的平民盛宴。有人也许会说，公园与广场的确存在着很大的不同。在天气晴朗的日子里，坐在公园里显然比宏伟的广场能提供给人更多放松自在的氛围，无论广场建造得多么气派。但显然我们在此需要更系统地对千禧公园项目的成功之处进行深入探究。该公园项目耗资 4.75 亿美元，占地 99148 平方米，并于 2004 年 7 月开放。千禧公园的构想源于 20 世纪 90 年代末，该作品以公共管理与私人运营共同合作的方式进行开发。项目的竣工让这片曾经荒芜的铁路站场重新焕发了生机。政府为公园地基和基础设施建设提供了资金，而私人则以捐款方式为艺术和建筑的进一步完善提供了资助。盖里、帕兰萨和卡普尔的作品构成了千禧公园中公共艺术的核心看点。由弗兰克·盖里设计的普利兹克音乐厅就是一个相当前卫的露天音乐厅，还配备结构现代的吸音天花板。而相邻的英国石油公司桥同样由盖里设计，意在发挥了声音屏障的功能，抵挡了周边交通噪音的干扰。

千禧公园并没有把公共艺术与其他日常功能割裂开来。实际上，其中最受欢迎的一些艺术作品都面向繁忙的密歇根大街，紧邻公园商店、餐厅、咖啡厅、酒吧和溜冰场。与在美术馆中度过一段静谧的沉思时光不同，千禧公园使当代艺术混搭式的场景呈现出更自由的活力。安尼施·卡普尔的作品《云门》和乔玛·帕兰萨的作品《皇冠喷泉》都被认为是对芝加哥人的致敬。2004年，两件作品同时完成，《皇冠喷泉》包括两个放置在浅水池中的15米高的玻璃塔。塔身表面由LED显示屏覆盖，连续播放着1000张不同的芝加哥人的面孔，以期展现一幅广泛的公民图景。这些市民的头像由芝加哥艺术学院的学生拍摄完成，他们与芝加哥文化事务部一起合作，帮助其策划一些潜在的公共艺术项目。他们计划对头像库长年累月进行扩展，这样就能以艺术的方式反映出城市的社会进化状况。这些面孔被放大，每次播放一张，每四、五分钟无序地循环一次。

这些面孔并不是静态图像，而是有细微面部表情变化的视频影像，他们看起来像是在悄悄地与观众对话。视频全年不间断地昼夜播放，只是在严寒的冬季，喷泉才停止喷水。在温暖的季节，皇冠喷泉周围是一幅生动的画面：孩子们在水池里玩耍，每换一张面孔，就有水帘从上往下喷出，溅在周围人身上使人们感受到喷泉的凉爽。玻璃塔上还配有间歇性喷水龙头，并与影像中的嘴部位置齐平。这样，这些面孔就能变成数字化时代的现代喷水嘴了。每次水龙头喷水时，人们就会不约而同聚在水池边，开心地欢笑嬉戏。皇冠喷泉的愉悦感让周围环境也充满了欢乐气息。伴随着水流喷涌而出的声音，人们的社群认同感再次被唤醒。

《云门》是卡普尔在美国的第一个公共艺术作品，它也是全世界最大的户外雕塑之一，但它的冲击力似乎并不那么强，还有人因其椭圆外形而为之起了"豆子"的绰号。《云门》的设计理念受到了液汞的启发，整个形体由168块不锈钢板镶嵌而成。完成后作品的表面严丝合缝，光洁无瑕，在观众看来就像一个巨大的哈哈镜，而他们才是卡普尔心中的作品真正需要的参与者。《云门》反射出城市虚幻的天际线、天空、建筑及周围互动的观众。人们或拍照留念，看着自己变形的样子发笑，或穿过其12英尺宽的拱门，或躺在地上观看其折射出的美丽风景。

千禧公园是美国第一个能让游客们免费下载观光音频的文化空间。这些音频中还加入了市长及一些艺术家和建筑师的点评。音频观光是为了让人们的体验更加多样化，并且采用了随机存取技术，这样听众们就能按照自己的节奏细细品味自己喜欢的那部分内容，还可以自己设定不同讲解的顺序。公园游客中心还为观光者免费提供地图和全彩印刷指南。千禧公园热情好客，许多芝加哥本地人和广大游客都喜欢来这里观光游玩。无论白天还是夜晚，人们都会聚集于此，在这个重新焕发活力的公共空间里相互陪伴。千禧公园并不是一个仅以宏大艺术品为核心的公共场域，相反，它通过日常活动为广大观者提供艺术体验，与之产生共鸣。这里的许多文化活动项目（如音乐会、课程、展览等）都是免费的。残疾人士也可以自由出入整个公园，因为其间分布着大量的无障碍设施和座位。艺术在这里并不显得那么高不可攀，艺术家的美学理念或理论观念也并未因此受到损失。触摸《皇冠喷泉》或《云门》也不再是一种触摸贵重艺术品的冒犯行为。相反，这两个作品都很乐意与观众亲密接触。它们不仅"好玩"，而且鼓励人们真正地去玩。卡普尔的作品非常抽象，看似是发端于清高的现代主义传统，它可能乍看起来像是"扑通艺术"，但《云门》却无论如何都不是一件"扑通艺术"。它很在意观众和周围环境的重要性，能通过转换视角和观众友好地互动。有几年里，卡普尔的《云门》甚至取代了《芝加哥的毕加索》，成了这个城市的名片。我们在营造未来城镇公园或广场等公共场域时，芝加哥的这种模式或许是一个好的参照。

二、公共艺术回归校园

从某种角度而言，大学是一个特殊的公共文化空间。它必须通过大量的经济投入来保证其未来的发展。正如公司要通过建立企业文化来增进公共关系一样，大学也需要把艺术当作一种综合实力和形象营销的工具来利用。不同之处在于，学府的特殊地位使其能为艺术提供特殊的语境，而大部分公司企业都无法做到这一点。大学是一种精神性场域，它们通过开放思想的传统为人提供受教育的机会。然而，并非每所大学都拥有艺术，能有远见去收购艺术品并建立美术馆，收藏这些作品的大学更是少之又少。很多人都愿意来到大学校园参与各种文化活动，共享其讲座、图书馆、体育馆设等文娱设施。在校园中摆放艺术作品的大学，比许多其他公共艺术空间具有更多优势。其潜在的受众更有可能接受任何伴随着艺术作品而出现的文化和教育话题。

今天，大部分教育机构会允许部分公众来共享其设备和资源。当然，有些大学有意或无意地拒绝了这种做法，用大门和高墙筑起自己的空间边界。但即使是在渠道有限的情况下，公众仍然偶尔能到大学来进行自由地参观。这一点与美术馆有很大的不同，美术馆通常都收取门票费用，而且话题都是特别围绕着艺术而展开。相反，在大部分大学或者学院中，人们可以追求各种各样的志趣，而艺术只是其中一种选择。大学的多样性可以减轻我们在面对艺术时所产生的专业压力。在这里，艺术只不过是综合教育的一个组成部分，这种环境让大学成了艺术的理想栖居地。大学校园空间的开放和多样性为室内外艺术、永久性艺术和暂时性艺术等各种类型的艺术都提供了展示舞台。大部分校园在不断翻新、添加新设施的同时，创造了大量新的校园公共艺术空间和项目的机会。

如今，许多校园更加重视提升自己容纳公共艺术的能力，并不断进行着探索。美国加州大学圣迭戈分校的"斯图尔特展藏"项目探索了校园公共艺术各种新的可能。"斯图尔特展藏"是该校园里一系列公共艺术藏品的总称。该校成立于1962年，所处地势可望见太平洋的美丽风景。该校不仅以科学成就而著称于世，而且其对公共艺术项目的支持与推进也令世人称赞。1981年，一位名叫席尔瓦的当地企业家与学校签署合作协议，学校将成为其艺术藏品的展览地，而私人机构斯图尔特基金会会为此支付一切开支。获得大学校长支持后，"斯图尔特展藏"绕开了许多限制公共雕塑藏品数量的繁文缛节。其艺术作品与校园生活进行了有效结合，已经达到了随处可见的程度。"斯图尔特展藏"的最初构想就是要体现技术与品位的多样性。展藏也并非试图为所有人展现公共艺术的方方面面，而是聚焦于与展示场域和校园活动有直接关系的户外雕塑作品。亚丽克西斯·史密斯的作品《蛇径》就探讨了伴随教育而产生的机构和个体责任之间的问题，用艺术的方式向人们提出了告诫。该作品是一段170米长、3米宽的山间小路，路人们要沿着这条路爬上山才能抵达学校的中央图书馆。铺路石与蛇皮的花纹相类似，蛇尾在山下，其分叉的舌尖则在顶点伸进了图书馆入口处。小路曲折向上蔓延，途中要经过一处石刻纪念碑，上面镌刻有弥尔顿《失乐园》中的一段话，还围着一处圆形小花园绕了一圈，以此寓意伊甸园。《蛇径》睿智地表现了学校纲领与使命之间的关系，同时也为人们提供了一条便利路途来出入图书馆这一重要研究设施。作为校园的实体和象征性的信息聚集点，图书馆确实为艺术家提供了思考和创作灵感。

"斯图尔特展藏"集合的公共艺术并不是装饰品，而是针对大学独特精神空间的思考性的作品。虽然每件作品都能离开实体独立存在，但作为集合放在一起时，便呈现出一种更有凝聚力的视觉结构。一种展现大学多样性和实验性的学术概念和氛围。展藏也正是通过这一方式用平民主义理念展现了公共艺术在校园内的可行模式，显然这种模式也能延伸到校园之外。

三、非营利组织与公共艺术

今天，非营利性组织越来越成为促进公益事业发展的重要力量和有效途径。在公共艺术领域，非营利性组织之所以也可以发挥有效作用，是因为它们的理念和方法可以直接实现真正的民主选择，能够与其他人文学科和社会群体实现多样化的合作。比如，在这样的互惠互利的关系中，非营利性组织也可以与政府机构结盟，获得更多的合法性和影响力，而私营机构的公益思想同时又为刻板僵化的政府部门注入了新活力。在一个前景无限而资金有限的时代中，这样的公私伙伴关系可能会给创作、维护和发展公共艺术提供更多新的解决方案。这种良性的伙伴关系往往在公共艺术项目的策划阶段就开始强调社群参与的重要性。❶

从1978—1985年，著名的公众型非营利性组织"剑桥艺术委员会"与马萨诸塞州海湾交通管理局达成合作，共同发展波士顿地铁系统的"地铁线艺术"项目。剑桥艺术委员会是项目执行方，而资金则通过马萨诸塞州海湾交通管理局由美国运输部提供。"地铁线艺术"项目鼓励、支持创作了许多优秀和持久的场域性公共艺术作品。项目运行力求民主、开放，并接受公众监督。因此，该项目也为其他城市塑造了榜样。来自不同社区的艺术专家参与挑选、评定艺术作品，而当地社区成员也被邀请作为咨询顾问。这一做法不仅为了得到他们的帮助，同时也为了让他们更好地理解每个公共空间的特色与社会背景。许多包括马萨诸塞州艺术家在内的艺术群体都参与了该项公共艺术的进程。马格斯·哈里斯为新波特广场地铁站创作了《手套循环》这一作品。最终，艺术家本人也成为该社区的一位常住居民。她经常搭乘此线地铁，并对地铁内的乘客们进行细致入微的观察，想办法与他们交流互动。

---

❶　孙皓．公共空间设计［M］．武汉：武汉大学出版社，2011.

在 1978 年一个异常寒冷的冬天，这位艺术家开始搜集被孤零零遗落在地铁里的手套，并用青铜进行浇铸。然后又将这些青铜手套散落在地铁站里，在漫长而深邃的电梯上，手套要么被只身丢弃一旁，要么高耸着堆在一起。手套象征着"地铁乘客的行为模式"，因为乘客们乘坐电梯到达站台后，要么独自站在一旁，要么聚在一起等地铁进站。

哈里斯将该作品描述为一种日常生活的循环，并通过手套的拟人化本质将其完美地展现出来。该公共艺术项目为地铁乘客提供了一种生活意义的发现。《手套循环》也因此深深植根于公众意识当中。哈里斯本人表示，她每天看到这些作品都还会为之一动，在手套需要清洗时，人们甚至还会打电话反映情况。虽然，哈里斯后来的创作风格已经与《手套循环》有很大不同，但她仍对这组作品充满着喜爱和怀念，她每天往返地铁途中都会多次看到这组作品，这想必也是件幸事吧。

创意时代公司和公共艺术基金会是公共艺术领域中最为著名的两家非营利性组织。两家机构都在纽约，都成立于 20 世纪 70 年代，而且都更关注临时性公共艺术项目的推介，这与"地铁线艺术"项目有所不同。创意时代公司最著名的作品是"沙滩上的艺术"项目（始创于 1978 年），这项一年一度的季节性户外活动一直在展示一些合作性公共艺术项目，其结构和面貌每年都有所变化。

公共艺术基金会则以让尽可能多的观众来理解和欣赏当代艺术为价值目标。公共艺术计划"给公众的信息"是一项从 1982 年开始，延续长达十年之久的系列作品。计划中的每位艺术家每月有 20~30 秒半的"节目档"，这些节目每天要在纽约时报广场上的大型广告牌上播放约 50 次。参与该公共艺术计划的艺术家包括珍妮·霍尔泽、埃德加西普伯兹和巴巴拉·克鲁格等著名当代艺术家。出人意料的是，一些议题内容围绕着消费与艺术之间的对立关系展开，往往简单的一段话语会令人深深触动。玛莎·罗斯勒在作品《住房即人权》中运用文字的特殊能量传递出来的信息，每天让约 150 万名经过的观众们，在不知不觉中与艺术相遇。

公共艺术基金会"在公共领域中"计划中的一些最新项目理念也展现出同样意味的探索与挑战。克里斯汀·希尔的作品《导游》是一次兼具延伸性和开放性的公共艺术实验。艺术家在作品实施中带领付费游客在纽约 SoHo

商业区进行高度个性化的步行观光游。用行为艺术的方式展现出很大的随机性和偶发性。杰夫·昆斯的标志性作品《小狗》也是一个例证，该作品于2000年夏季又重新在洛克菲勒中心前展出。该作品是一个1米高的西部高地小猎犬雕塑，雕塑表皮由7万盆盆栽花草构成，其内部同时为这7万盆花卉提供灌溉。"小狗"故意显得憨态可掬，同时又对大众消费文化表示出认可和尊重。杰夫·昆斯认为艺术品一定要作用于观众，他经常以日用品的复制品、可爱的卡通形象不断地给世人带来一个又一个新的视觉冲击。

　　劳伦斯·韦纳的作品《纽约城井盖》由曼哈顿下城区不同街道上的19个井盖组成。虽然，这组作品完全以功能性为基础，却在司空见惯的事物中创造了一种独一无二的神秘语境。借此对城市规划网络及在这一网格中不断转换的种种物质和个人关系形成了一种指代和介入。公共艺术基金会的项目都具有一种典型的平民主义情结。其内容和形式对广大而多样的观众而言简单易懂，但对其含义的解读则无定论可言。这些以平民主义为主导的尝试创造了许多凸显临时性的公共艺术作品。这一点意义非凡。然而，对许多艺术家和艺术机构而言，公共艺术项目成功与否还是要看其是否具有持久性。持久性能赋予艺术作品以稳定的价值延续，证明作品之优秀足以让人世代观赏保留。不过，对持久性的过于重视，会让作品实体性和影响力凌驾于公共艺术的其他方面之上，而这显然不是当代公共艺术的价值方向。

四、无形的纪念碑

　　虽然纪念碑的表现形式一直在不断变化，但它仍旧是公共艺术中最持久的创作主题。今天，在华盛顿，林璎的美国越战纪念碑已经成为最具观赏性的场所之一。当人们在纪念碑上找到自己朋友或亲人的名字时，他们在怀念和忧伤中思考和反省生命的代价和死亡的原因。林璎的设计理念以极简的方式呈现出来，作品的内在力量通过一个个观众的阅读和触摸得以再现和加强。林璎的美国越战纪念碑也因此成为一件经典的纪念碑作品。

　　"艾滋病纪念被单项目"也具有划时代的意义，并引发了强烈的共鸣。1987年，作为民众阶层对艾滋病危机的响应，该项目在社会活动家克里夫·琼斯的主持下首先在圣弗朗西斯科展开，然而当时并没有引起政府的关注。1985年琼斯创建了被单组织，他呼吁周围人把死于艾滋病人的姓名写在标语牌上，以达到警示世人的目的。1987 年 2 月下旬，琼斯为自己的好友马文·费德曼制作了第一块姓名被单。同年六月，项目正式启动，当时被单组织的姓名单数量已经达到约 2000 个，并于十月在"华盛顿同性恋权益大游行"中首次亮相。该项目用行为的方式构成了一座通过罗列姓名，昭显个体命运的纪念碑。

"被单"项目既要归功于个人努力，也要归功于群体努力。被单组织在某种程度上逾越了死者的意愿。只有活着的人们才认为，把逝者放在艾滋病蔓延的公共语境下才是有意义的。人们为自己的因艾滋病而逝去的挚友亲人们，或那些自己从未谋面的人制作姓名被单，通过这一活动分享那些通常十分矛盾和复杂的情感。每块姓名单都是一块 5 米见方的布条，差不多和棺材的尺寸一样大小，之后还要和其他 31 块来自同一地域地区的姓名单结合在一起。"被单"组织让我们更清晰、具体地认识到艾滋病所造成的损失。许多悼念逝者的技巧和方式都不够持久，只有真情实感才能让美学和情感力量渗透其中。虽然将不同风格和情绪展现在一起显得有些奇怪，但是，其中的确存在着某种对生命追忆的连贯性。除了提供姓名和生卒年月等必备要素外，许多姓名单虽未经统一设计，却呈现出一些相似之处，比如摆放衣物、泰迪熊等个人物品。这又能让人回想起悼念拼布或纪念拼布的传统方式，布上写着逝者的姓名，还摆放有他或她的衣物。琼斯虽然不是艺术家，但其"被单"理念受到了之前的一些艺术作品的启发，特别是诸如朱迪·芝加哥这样的女性主义艺术家所采取的一些集体性尝试和尖锐政治姿态。琼斯的借鉴并不仅限于对布料的使用，而是沿袭了她对大型、过程性作品的运作方式。"被单"具备的功能主义及其对真实、浪漫过去的暗示，使其似乎是在讲述一个更美好的世界。而一旦加入非常明确的政治内容后，它们就变成了道德和博爱的标志。

虽然"被单"极具美学力度和说服力，但是，艺术世界似乎仍无法恰当处理和界定与它的关系。与我们在美术馆和博物馆见到的大部分作品不同，"被单"与公众的日常生活有某种特殊的联系，而这种联系似乎与高雅艺术或经典艺术无关。"被单"不是由"艺术明星"创造出来的。它无法在商业上实现市场利益，但在没有艺术评论家帮助的前提下就获得了公众广泛认可。被悼念的逝者没有社会阶层、种族、民族、性取向、性别或年龄的区别。从某种角度看，这些"被单"是没有"作者"的。除了无法选择被单大小，无法决定逝者姓名外，贡献者们可以自由选择悼念时采用的材料和风格。而且，"被单"项目中并非想要讲述个体故事或铺设一种特殊的意境基调。这也意味着，"没有讲述的讲述"比其他讲述更加丰富和包容。事实上，在这个公共艺术项目中，个体观众的中介作用被显著放大，因为没有人给观众界定要从何处开始、在何处结束、应当注意哪些问题等。

"被单"一旦在地面上铺展开来，其规模就非常吸引人了，实际上它就是一个覆盖大地的大型纪念碑。作品中的布料则变成了对人类脆弱性的一种隐喻。为了这场公共艺术展览，"被单"组织的工作人员和志愿者们都仪式性地身着白色衣服，在展开和布置被单时也满怀敬意。这种情绪与观众缓慢而明确的行动相得益彰。逝者的名字被大声念出，艾滋病的严重性也通过这些展览为人所感知。哪怕连续听上好几小时，也没有哪两个名字是相同的。被单似乎可以永远这样延续下去，而其真人大小的物件则传递出某种私密性，这种对比进一步为作品带来了震撼力。"被单"的宏大虽让观者感到渺小，但观者同时也能挨个观看每个独特"被单"，感受其中情感。这种方式让无可替代的个体生活为公众所感知。"被单"的能量不在于其规模有多大，而在于其传递出的情感之深厚。它的合作者们可能之前从未谋面，但都具有相似的失去亲友的悲痛感。也许只有各自的"被单"拼合在一起，相互扩展和巩固的时候，人们才会意识到自己并不是孤身一人，才会相互聊以慰藉。由于"被单"的大部分制作者们都不是专业艺术家，他们也可能把自己的贡献看作一种对悲伤的表达，而不是艺术行为。他们的努力融入了一项集体性公益事业，没有哪一块"被单"比其他的更重要，但它们各自都有独立的表达。个人愿景并未变成总体无法辨认的一部分而融入其中，而是积聚成为多种多样的观点，最终在一起"和谐"共处。

"被单"项目曾经在校园体育场和购物中心等公共空间进行展示。1996 年，在华盛顿国家广场上最后一次完整地出现，观众人数达到了一百多万，这显然是一个成功的公共艺术实践。它引起了人们对公共健康危机的关注。"被单"在日常生活的空间中与我们朝夕相处，为其创造者提供了一种分享和宣泄情感的体验。当然，艺术作品想要获得类似这样的影响力和反响力，需要存在于传统艺术渠道之外，但是艺术世界需要具备智慧，向那些把社会信息与艺术表达结合在一起的项目学习。

参考文献

［1］ 黄礼婷，邹瑾，李科栋．公共艺术［M］．成都：电子科技大学出版社，2019．

［2］ 高雨辰．城市文脉与公共艺术［M］．天津：天津大学出版社，2022．

［3］ 于猛．公共艺术与雕塑［M］．延吉：延边大学出版社，2022．

［4］ 郭媛媛，盛传新，马潇潇．公共艺术与设施设计［M］．合肥：合肥工业大学出版社，2017．

［5］ 王岩松．公共艺术设计［M］．北京：中国建材工业出版社，2011．

［6］ 孙皓．公共空间设计［M］．武汉：武汉大学出版社，2011．

［7］ 崔勇，杜静芬．艺术设计创意思维［M］．北京：清华大学出版社，2013．

［8］ 于晓亮，吴晓淇．公共环境艺术设计［M］．杭州：中国美术学院出版社，2006．

［9］ 林振德．公共空间设计［M］．广州：岭南美术出版社，2006．

［10］ 谭巍．公共设施设计［M］．北京：知识产权出版社，2008．

［11］ 孙明胜．公共艺术教程［M］．杭州：浙江人民美术出版社，2008．

［12］ 陈敏．公共环境艺术设计［M］．南昌：江西美术出版社，2009．

［13］ 毕留举．城市公共环境设施设计［M］．长沙：湖南大学出版社，2010．

［14］ 金彦秀，金百洋．公共艺术设计［M］．北京：人民美术出版

社，2010.

[15] 安秀，公共设施与环境艺术设计［M］．北京：中国建筑工业出版社，2007.

[16] 曹福存，赵彬彬．景观设计［M］．北京：中国轻工业出版社，2014.

[17] 李建盛．公共艺术与城市文化［M］．北京：北京大学出版社，2012.

[18] 胡天君，景璟．公共艺术设施设计［M］．北京：中国建筑工业出版社，2012.

[19] 何小青．公共艺术与城市空间构建［M］．北京：中国建筑工业出版社，2013.

[20] 王曜，黄雪君，于群．城市公共艺术作品设计［M］．北京：化学工业出版社，2015.

[21] 王鹤．设计与人文：当代公共艺术［M］．天津：天津大学出版社，2015.

[22] 王玥，张天臻．公共空间室内设计［M］．北京：化学工业出版社，2014.

[23] 李蔚，傅彬，姚仲波．公共空间设计与实训［M］．西安：西安交通大学出版社，2014.

[24] 杨清平，李柏山．公共空间设计［M］．2版．北京：北京大学出版社，2012.

[25] 王鹤．公共艺术创意设计［M］．天津：天津大学出版社，2013.

[26] 吴松．壁画设计与制作［M］．重庆：重庆大学出版社，2002.

[27] 郗海飞．壁画艺术［M］．长春：吉林美术出版社，2008.

[28] 张延刚．壁画艺术与环境［M］．合肥：安徽美术出版社，2003.

[29] 章晴方．公共艺术设计［M］．上海：上海人民美术出版社，2007.

[30] 王中．公共艺术概论［M］．北京：北京大学出版社，2007.

[31] 陈绳正．城市雕塑艺术［M］．沈阳：辽宁美术出版社，1998.

[32] 李辰．西方古代壁画史［M］．北京：北京大学出版社，2007.

[33] 董晓明．城市景观设施［M］．大连：大连理工大学出版社，2007.

[34] 郭晓寒，何雨津．互动媒体艺术 [M]．重庆：西南师范大学出版社，2008.

[35] 李四达．交互设计概论 [M]．北京：清华大学出版社，2009.

[36] 胡超圣，袁广鸣．魔幻城市——科技公共艺术 [M]．桂林：广西师范大学出版社，2005.

[37] 崔茜．公共建筑室内空间的室外化设计探讨 [J]．大众文艺，2020（22）：73-74.

[38] 郑成艳．基于多元公共空间的建筑设计与室内空间的融合 [J]．建筑结构，2020，50（20）：159.

[39] 张新颖．当代装饰艺术设计中极简主义的运用研究 [D]．哈尔滨：哈尔滨理工大学，2019.

[40] 欧阳琼．基于城市活力视角下的线性公园景观设计——以万科公园大道中轴线景观设计为例 [J]．城市建筑，2020，17（6）：145-147.

[41] 宋书魁．城市雕塑艺术与环境空间的融合 [J]．设计，2016（2）：38-39.

[42] 黄金霞．苏州城市品牌营造刍议 [J]．苏州大学学报：工科版，2004（6）：71-74.

[43] 尹文晶，金江波．城市形象塑造中的夜间公共艺术景观 [J]．工业工程设计，2021，3（5）：79-86.

[44] 邹文．公共艺术管理制度亟待完善 [N]．人民日报，2003-3-30.

[45] 马钦忠．公共艺术的制度设计与城市形象塑造：美国·澳大利亚 [M]．上海：学林出版社，2010.

[46] 孙明胜．公共艺术的观念 [J]．文艺理论与批评，2007（2）：62-63.

[47] 刘彦顺．公共空间、公共艺术与中国现代美育空间的拓展——理解蔡元培美育思想的一个新视角 [J]．浙江社会科学，2008（10）：54-55.

[48] 杜文涓，王勇，原杉杉．春风吹进校园 [J]．装饰，2005（6）：36-37.

[49] 宋薇．公共艺术与城市文化 [J]．文艺评论，2006（6）：58-59.